수학 좀 한다면

**디딤돌 초등수학 원리 1-2**

**펴낸날** [초판 1쇄] 2024년 4월 9일 | **펴낸이** 이기열 | **펴낸곳** (주)디딤돌 교육 | **주소** (03972) 서울특별시 마포구 월드컵북로 122 청원선와이즈타워 | **대표전화** 02-3142-9000 | **구입문의** 02-322-8451 | **내용문의** 02-323-9166 | **팩시밀리** 02-338-3231 | **홈페이지** www.didimdol.co.kr | **등록번호** 제10-718호 | 구입한 후에는 철회되지 않으며 잘못 인쇄된 책은 바꾸어 드립니다. 이 책에 실린 모든 삽화 및 편집 형태에 대한 저작권은 (주)디딤돌 교육에 있으므로 무단으로 복사 복제할 수 없습니다. Copyright © Didimdol Co. [2402470]

# 내 실력에 딱!
# 최상위로 가는 '맞춤 학습 플랜'

**STEP 1** On-line
### 나에게 맞는 공부법은?
맞춤 학습 가이드를 만나요.

교재 선택부터 공부법까지! 디딤돌에서 제공하는 시기별 맞춤 학습 가이드를 통해 아이에게 맞는 학습 계획을 세워 주세요. (학습 가이드는 디딤돌 학부모카페 '맘이가'를 통해 상시 공지합니다. cafe.naver.com/didimdolmom)

**STEP 2** Book
### 맞춤 학습 스케줄표
계획에 따라 공부해요.

교재에 첨부된 '맞춤 학습 스케줄표'에 맞춰 공부 목표를 달성합니다.

**STEP 3** On-line
### 이럴 땐 이렇게!
'맞춤 Q&A'로 해결해요.

궁금하거나 모르는 문제가 있다면, '맘이가' 카페를 통해 질문을 남겨 주세요. 디딤돌 수학쌤 및 선배맘님들이 친절히 답변해 드립니다.

**STEP 4** Book
### 다음에는 뭐 풀지?
다음 교재를 추천받아요.

학습 결과에 따라 후속 학습에 사용할 교재를 제시해 드립니다. (교재 마지막 페이지 수록)

 ★ 디딤돌 플래너 만나러 가기

# 디딤돌 초등수학 원리 1-2

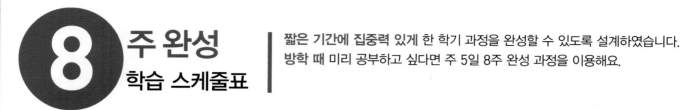

**8 주 완성** 학습 스케줄표

짧은 기간에 집중력 있게 한 학기 과정을 완성할 수 있도록 설계하였습니다.
방학 때 미리 공부하고 싶다면 주 5일 8주 완성 과정을 이용해요.

공부한 날짜를 쓰고 하루 분량 학습을 마친 후, 부모님께 확인 check ☑를 받으세요.

**1주** **1 100까지의 수** **2주**

| 월 일 | 월 일 | 월 일 | 월 일 | 월 일 | 월 일 | 월 일 |
|---|---|---|---|---|---|---|
| 8~11쪽 | 12~15쪽 | 16~19쪽 | 20~23쪽 | 24~27쪽 | 28~29쪽 | 30~31쪽 |

**3주** **3 모양과 시각** **4주**

| 월 일 | 월 일 | 월 일 | 월 일 | 월 일 | 월 일 | 월 일 |
|---|---|---|---|---|---|---|
| 46~49쪽 | 50~51쪽 | 52~53쪽 | 56~59쪽 | 60~63쪽 | 64~67쪽 | 68~71쪽 |

**5주** **4 덧셈과 뺄셈(2)** **6주**

| 월 일 | 월 일 | 월 일 | 월 일 | 월 일 | 월 일 | 월 일 |
|---|---|---|---|---|---|---|
| 82~85쪽 | 86~89쪽 | 90~91쪽 | 92~95쪽 | 96~99쪽 | 100~101쪽 | 102~103쪽 |

**7주** **6 덧셈과 뺄셈(3)** **8주**

| 월 일 | 월 일 | 월 일 | 월 일 | 월 일 | 월 일 | 월 일 |
|---|---|---|---|---|---|---|
| 117~119쪽 | 120~121쪽 | 122~123쪽 | 126~129쪽 | 130~133쪽 | 134~135쪽 | 136~139쪽 |

MEMO

# 효과적인 수학 공부 비법

시켜서 억지로     내가 스스로

억지로 하는 일과 즐겁게 하는 일은 결과가 달라요.
목표를 가지고 스스로 즐기면 능률이 배가 돼요.

가끔 한꺼번에     매일매일 꾸준히

급하게 쌓은 실력은 무너지기 쉬워요.
조금씩이라도 매일매일 단단하게 실력을 쌓아가요.

정답을 몰래     개념을 꼼꼼히

모든 문제는 개념을 바탕으로 출제돼요.
쉽게 풀리지 않을 땐, 개념을 펼쳐 봐요.

채점하면 끝     틀린 문제는 다시

왜 틀렸는지 알아야 다시 틀리지 않겠죠?
틀린 문제와 어림짐작으로 맞힌 문제는
꼭 다시 풀어 봐요.

수학 좀 한다면

**초등수학**
**원리**

상위권을 향한 첫걸음

1-2

# 교과서의 핵심 개념을 한눈에 이해하고

**교과서 개념**

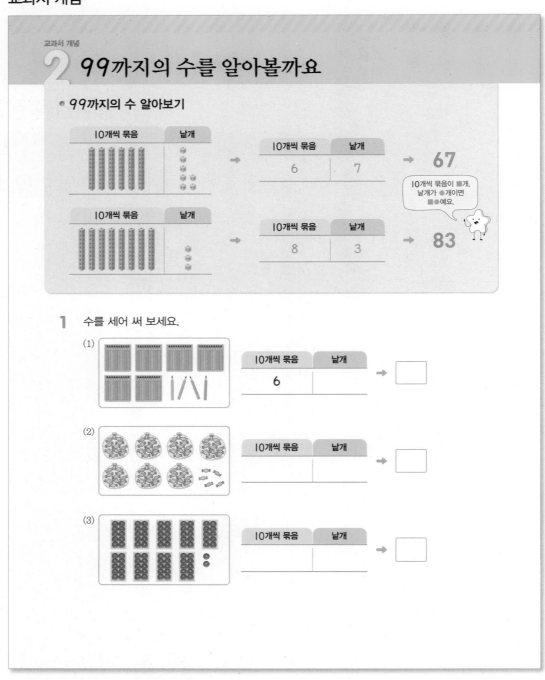

# 쉬운 유형의 문제를 반복 연습하여
# 기본기를 강화하는 학습

## 기본기 강화 문제

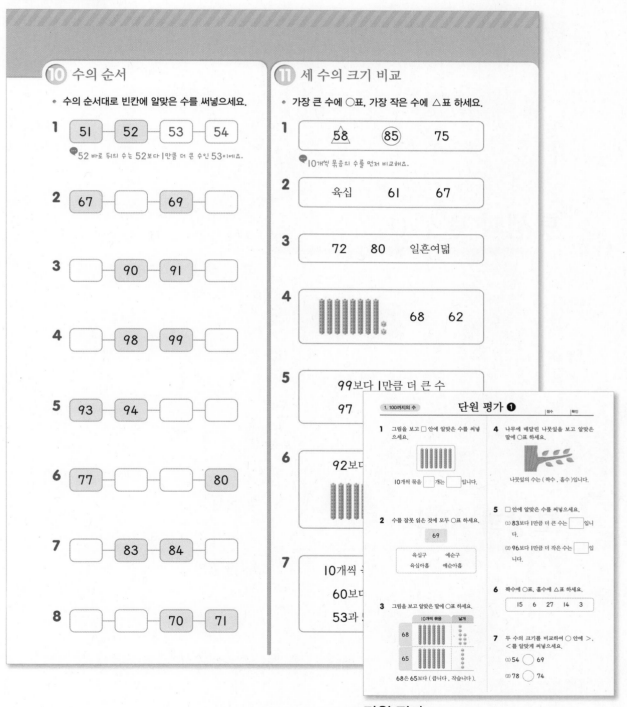

### ⑩ 수의 순서

● 수의 순서대로 빈칸에 알맞은 수를 써넣으세요.

**1** [ 51 ][ 52 ][ 53 ][ 54 ]

💬 52 바로 뒤의 수는 52보다 1만큼 더 큰 수인 53이에요.

**2** [ 67 ][   ][ 69 ][   ]

**3** [   ][ 90 ][ 91 ][   ]

**4** [   ][ 98 ][ 99 ][   ]

**5** [ 93 ][ 94 ][   ][   ]

**6** [ 77 ][   ][   ][ 80 ]

**7** [   ][ 83 ][ 84 ][   ]

**8** [   ][   ][ 70 ][ 71 ]

### ⑪ 세 수의 크기 비교

● 가장 큰 수에 ○표, 가장 작은 수에 △표 하세요.

**1** 58    85    75

💬 10개씩 묶음의 수를 먼저 비교해요.

**2** 육십    61    67

**3** 72    80    일흔여덟

**4** [그림]    68    62

**5** 99보다 1만큼 더 큰 수

97

**6** 92보다

**7** 10개씩 묶
60보다
53과 5

---

### 단원 평가 ❶          [점수] [확인]

1. 100까지의 수

**1** 그림을 보고 □ 안에 알맞은 수를 써넣으세요.

[그림]

10개씩 묶음 □ 개는 □ 입니다.

**2** 수를 잘못 읽은 것에 모두 ○표 하세요.

69

육십구    예순구
육십아홉    예순아홉

**3** 그림을 보고 알맞은 말에 ○표 하세요.

| | 10개씩 묶음 | 낱개 |
|---|---|---|
| 68 | [그림] | [그림] |
| 65 | [그림] | [그림] |

68은 65보다 ( 큽니다 , 작습니다 ).

**4** 나무에 매달린 나뭇잎을 보고 알맞은 말에 ○표 하세요.

[그림]

나뭇잎의 수는 ( 짝수 , 홀수 )입니다.

**5** □ 안에 알맞은 수를 써넣으세요.

(1) 83보다 1만큼 더 큰 수는 □ 입니다.

(2) 96보다 1만큼 더 작은 수는 □ 입니다.

**6** 짝수에 ○표, 홀수에 △표 하세요.

15    6    27    14    3

**7** 두 수의 크기를 비교하여 ○ 안에 >, <를 알맞게 써넣으세요.

(1) 54 ○ 69

(2) 78 ○ 74

**단원 평가**

# 차례

# 1 100까지의 수

바닷속 상어가 물고기들을 쫓고 있어요. 상어를 피해 도망가는 물고기들은 모두 62마리예요.
물고기들의 수에 맞게 스티커를 붙여 보세요.

스티커 붙이기

스티커 붙이기

# 1 60, 70, 80, 90을 알아볼까요

## • 60, 70, 80, 90 알아보기

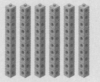

10개씩 묶음 6개

**60**

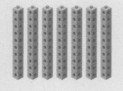

10개씩 묶음 7개

**70**

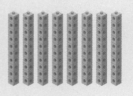

10개씩 묶음 8개

**80**

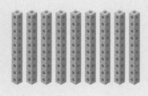

10개씩 묶음 9개

**90**

수 세기 칩 또는 수 모형을 이용하여 수를 나타낼 수 있습니다.

| 60 | 수 세기 칩 | 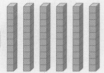 | 수 모형 | |

---

**1** 지갑에 들어 있는 돈은 얼마인지 써 보세요.

(1)
10 10 10
10 10 10

10원이 6개 ➡ ☐ 원

(2)
10 10 10 10
10 10 10 10

10원이 8개 ➡ ☐ 원

**2** 연결 모형이 나타내는 수를 써 보세요.

(1)

| 10개씩 묶음 | 낱개 | |
|---|---|---|
| | | ➡ ☐ |

💬 낱개 모형은 없어요.

(2)

| 10개씩 묶음 | 낱개 | |
|---|---|---|
| | | ➡ ☐ |

➡ 정답과 풀이 **17쪽**

## 60, 70, 80, 90 읽기

| 수 | 읽기 | | 수 | 읽기 | |
|---|---|---|---|---|---|
| 6 | 육 | 여섯 | 7 | 칠 | 일곱 |
| 60 | 육십 | 예순 | 70 | 칠십 | 일흔 |
| 8 | 팔 | 여덟 | 9 | 구 | 아홉 |
| 80 | 팔십 | 여든 | 90 | 구십 | 아흔 |

수는 상황에 따라 두 가지로
읽을 수 있어요.

**3** 구슬의 수를 세어 쓰고 읽어 보세요.

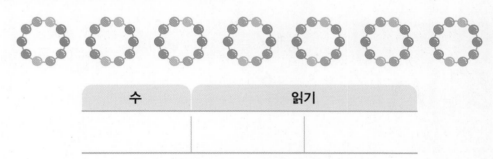

| 수 | 읽기 |
|---|---|
| | |

**4** 알맞게 이어 보세요.

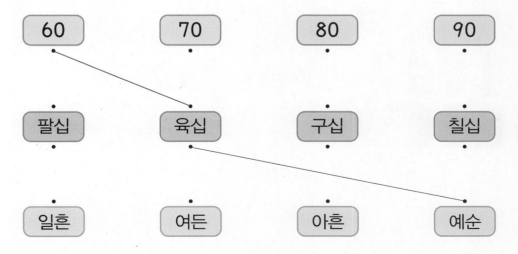

# 2 99까지의 수를 알아볼까요

## • 99까지의 수 알아보기

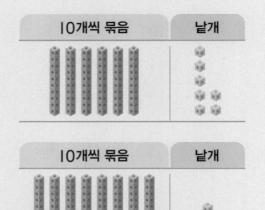

| 10개씩 묶음 | 낱개 |
|:---:|:---:|
| 6 | 7 |

→ **67**

10개씩 묶음이 ■개, 낱개가 ●개이면 ■●예요.

| 10개씩 묶음 | 낱개 |
|:---:|:---:|
| 8 | 3 |

→ **83**

**1** 수를 세어 써 보세요.

(1)
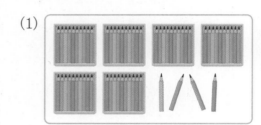

| 10개씩 묶음 | 낱개 |
|:---:|:---:|
| 6 | |

→

(2)
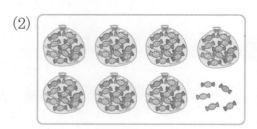

| 10개씩 묶음 | 낱개 |
|:---:|:---:|
| | |

→

(3)
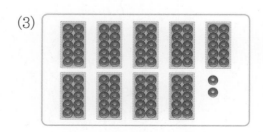

| 10개씩 묶음 | 낱개 |
|:---:|:---:|
| | |

→

## 99까지의 수 읽기

| 10개씩 묶음 | 낱개 |
| --- | --- |
| 5 | 9 |
| 오십 | 구 |
| 쉰 | 아홉 |

59 →

| 10개씩 묶음 | 낱개 |
| --- | --- |
| 7 | 1 |
| 칠십 | 일 |
| 일흔 | 하나 |

71 →

**2** 수로 잘못 나타낸 것을 찾아 기호를 써 보세요.

> ㉠ 육십삼 — 63    ㉡ 아흔여섯 — 76
> ㉢ 쉰다섯 — 55    ㉣ 팔십이 — 82

(                    )

**3** 보기 와 같이 수를 두 가지 방법으로 읽어 보세요.

보기
74 (칠십사, 일흔넷)

93 (            ,            )

**4** 그림에서 수를 찾아 바르게 읽은 것에 ○표 하세요.

(1)

버스 번호는 ( 육십팔 , 예순팔 ) 번입니다.

(2)

할머니는 올해 ( 팔십다섯 , 여든다섯 ) 살입니다.

# 3 수의 순서를 알아볼까요

## • 수의 순서 알아보기

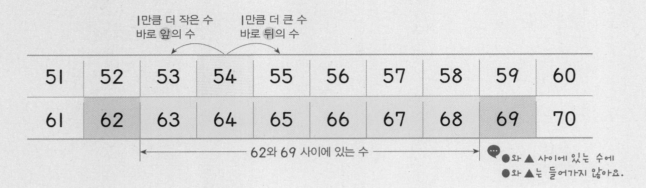

| 51 | 52 | 53 | 54 | 55 | 56 | 57 | 58 | 59 | 60 |
| 61 | 62 | 63 | 64 | 65 | 66 | 67 | 68 | 69 | 70 |

●와 ▲ 사이에 있는 수에
●와 ▲는 들어가지 않아요.

**1** 수의 순서가 잘못된 수를 찾아 ○표 하세요.

74 — 75 — 76 — 77 — 79

**2** 수의 순서대로 빈칸에 알맞은 수를 써넣으세요.

(1)  88 — 89 — ☐

(2)  79 — ☐ — 81

**3** 수 배열표를 완성하고 ☐ 안에 알맞은 수를 써넣으세요.

| 61 | 62 | 63 | 64 | 65 | 66 |    | 68 | 69 | 70 |
| 71 | 72 | 73 |    | 75 | 76 | 77 | 78 |    | 80 |
|    | 82 | 83 | 84 | 85 | 86 | 87 | 88 |    | 90 |

(1) **75**보다 **1**만큼 더 작은 수는 **75** 바로 앞의 수인 ☐ 입니다.

(2) **66**보다 **1**만큼 더 큰 수는 **66** 바로 뒤의 수인 ☐ 입니다.

(3) **82**와 **85** 사이에 있는 수는 ☐ , ☐ 입니다.

## ● 99보다 I만큼 더 큰 수 알아보기

• 수 배열표로 알아보기

99보다 I만큼 더 큰 수

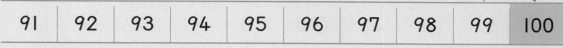

| 91 | 92 | 93 | 94 | 95 | 96 | 97 | 98 | 99 | 100 |

• 연결 모형으로 알아보기

 쓰기 **100** 읽기 **백**

---

**4** 나타내는 수를 쓰고 읽어 보세요.

99보다 I만큼 더 큰 수   쓰기 ☐   읽기 ☐

---

**5** 빈칸에 알맞은 수를 써넣으세요.

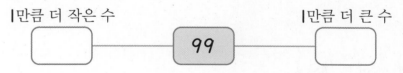

I만큼 더 작은 수      I만큼 더 큰 수

☐ ── 99 ── ☐

---

**6** 빈칸에 알맞은 수를 써넣으세요.

(1)  91 ─ 92 ─ ◯ ─ 94 ─ 95 ─ ◯ ─ 97 ─ 98 ─ ◯ ─ ◯

(2)  10 ─ 20 ─ 30 ─ ◯ ─ 50 ─ 60 ─ ◯ ─ ◯ ─ ◯

#  수의 크기를 비교해 볼까요

## ● 10개씩 묶음의 수가 다른 경우

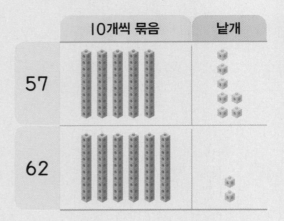

10개씩 묶음의 수가 다르므로
10개씩 묶음의 수를 비교합니다.

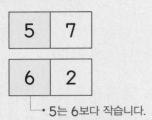

• 5는 6보다 작습니다.

57은 62보다 작습니다. ➡ **57 < 62**

## ● 10개씩 묶음의 수가 같은 경우

10개씩 묶음의 수가 5로 같으므로
낱개의 수를 비교합니다.

| 5 | 7 |
|---|---|

| 5 | 2 |
|---|---|

• 7은 2보다 큽니다.

57은 52보다 큽니다. ➡ **57 > 52**

**1** 두 수의 크기를 비교해 보세요.

(1)

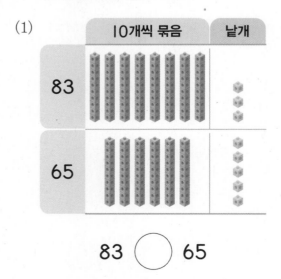

83 ◯ 65

(2)

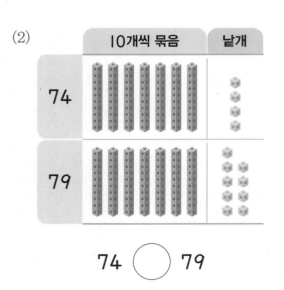

74 ◯ 79

**2** 두 수의 크기를 비교하여 알맞은 말에 ○표 하고 ○ 안에 >, <를 알맞게 써넣으세요.

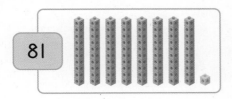 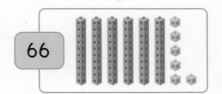

81은 66보다 ( 큽니다 , 작습니다 ). ➡ 81 ◯ 66

66은 81보다 ( 큽니다 , 작습니다 ). ➡ 66 ◯ 81

**3** ○ 안에 >, <를 알맞게 써넣으세요.

(1)

| 10개씩 묶음 | 낱개 |
|:---:|:---:|
| 8 | 4 |

◯

| 10개씩 묶음 | 낱개 |
|:---:|:---:|
| 8 | 6 |

(2) 67 ◯ 57

(3) 92 ◯ 99

**4** 수직선을 보고 가장 큰 수에 ○표, 가장 작은 수에 △표 하세요.

(1)
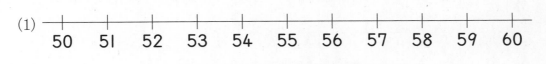

💬 수직선에서는 오른쪽으로 갈수록 큰 수예요.

58  54  59

(2)
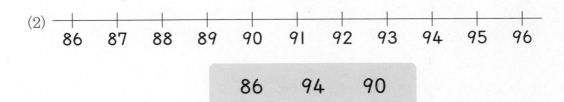

86  94  90

# 5 짝수와 홀수를 알아볼까요

● **짝수와 홀수 알아보기**(1)

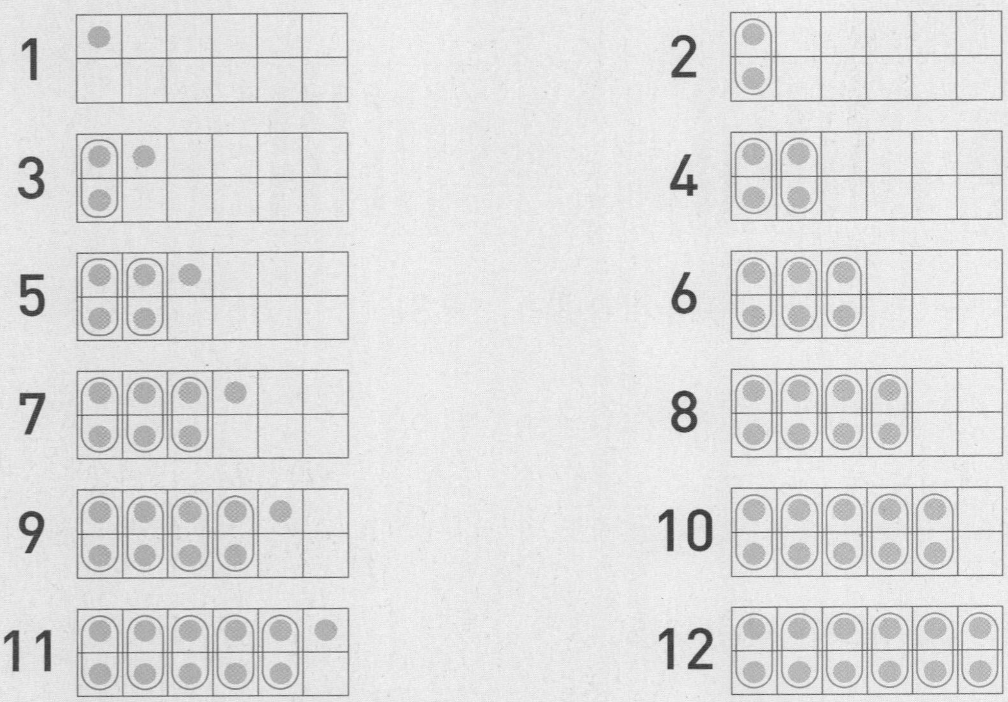

💬 둘씩 짝을 지을 때 남는 것이 있어요.

💬 둘씩 짝을 지을 때 남는 것이 없어요.

**2, 4, 6, 8, 10, 12**와 같은 수를 **짝수**라고 합니다.

**1, 3, 5, 7, 9, 11**과 같은 수를 **홀수**라고 합니다.

● **짝수와 홀수 알아보기**(2)

| 1 | 2 | 3 | 4 | 5 | 6 | 7 | 8 | 9 | 10 |
|---|---|---|---|---|---|---|---|---|---|
| 11 | 12 | 13 | 14 | 15 | 16 | 17 | 18 | 19 | 20 |
| 21 | 22 | 23 | 24 | 25 | 26 | 27 | 28 | 29 | 30 |
| 31 | 32 | 33 | 34 | 35 | 36 | 37 | 38 | 39 | 40 |
| 41 | 42 | 43 | 44 | 45 | 46 | 47 | 48 | 49 | 50 |

낱개의 수가 **2, 4, 6, 8, 0**이면 **짝수**입니다.

낱개의 수가 **1, 3, 5, 7, 9**이면 **홀수**입니다.

**1** 짝수인지 홀수인지 ○표 하세요.

(1) **5**

( 짝수 , 홀수 )

(2) **12**

( 짝수 , 홀수 )

**2** 구슬의 수를 세어 쓰고 짝수인지 홀수인지 써 보세요.

(1) ● ● ● ● ● ●  　　□ → □

(2) ● ● ● ● ● ● ● ● ●  　□ → □

**3** 홀수는 , 짝수는 으로 이어 보세요.

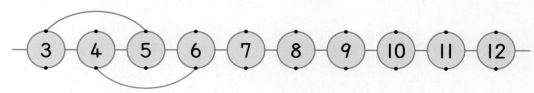

3　4　5　6　7　8　9　10　11　12

**4** 주어진 수를 보고 짝수인지 홀수인지 써 보세요.

(1) |14| → □

(2) |7| → □

낱개의 수만 보아도
짝수인지 홀수인지
알 수 있어요.

## ① 몇십 세어 보기

● 수를 쓰고 알맞게 이어 보세요.

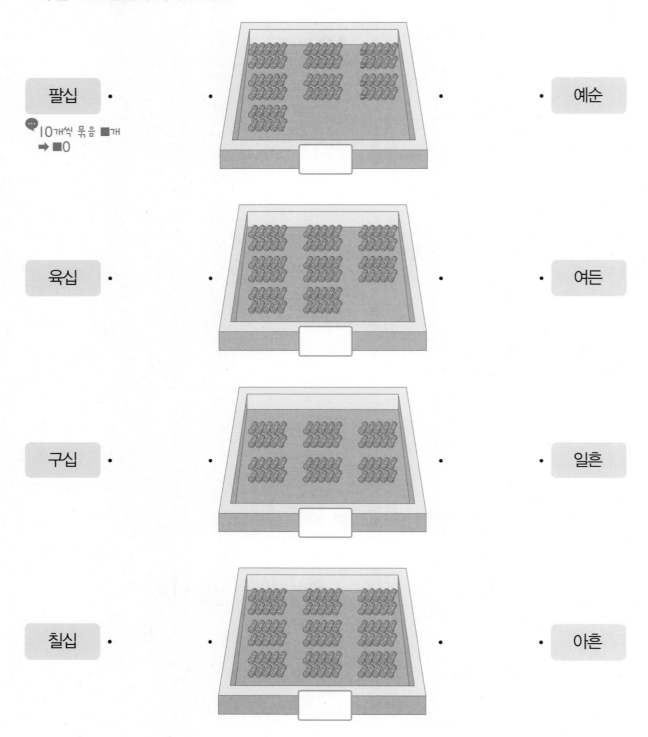

팔십 ·

💬 10개씩 묶음 ■개
➡ ■0

· 예순

육십 ·

· 여든

구십 ·

· 일흔

칠십 ·

· 아흔

## 2 몇십몇 알기

- 10개씩 묶음 몇 개와 낱개 몇 개인지 쓰고, 수로 나타내 보세요.

**1**

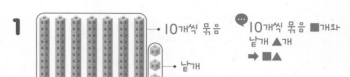

10개씩 묶음 ■개와
낱개 ▲개
➡ ■▲

| 10개씩 묶음 | 낱개 |
|:---:|:---:|
| 7 | 3 |

➡ ☐

**2**

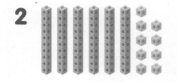

| 10개씩 묶음 | 낱개 |
|:---:|:---:|
|  |  |

➡ ☐

**3**

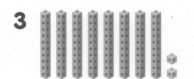

| 10개씩 묶음 | 낱개 |
|:---:|:---:|
|  |  |

➡ ☐

**4**

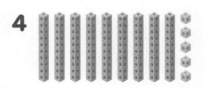

| 10개씩 묶음 | 낱개 |
|:---:|:---:|
|  |  |

➡ ☐

## 3 몇십몇 읽기

- 수를 두 가지 방법으로 읽어 보세요.

**1**  63

💬육십셋 또는 예순삼이라고
읽지 않도록 주의해요.

( 육십삼 , 예순셋 )

**2**  81

( , )

**3**  95

( , )

**4**  78

( , )

**5**  56

( , )

**6**  92

( , )

**7**  87

( , )

**8**  64

( , )

# ④ 길 찾기

- 수를 바르게 읽은 것을 따라가서 도착한 곳에 ○표 하세요.

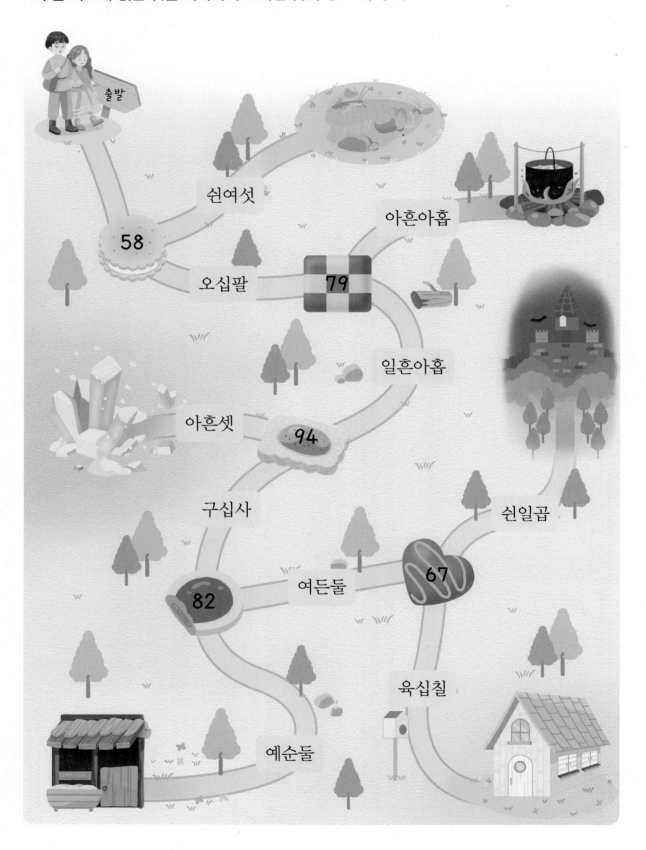

## 5 다른 수 찾기

● 설명하는 수가 다른 하나를 찾아 ○표 하세요.

**1**

| 육십 | 10개씩 묶음 6개 |
|---|---|
| (59 바로 앞의 수) | 예순 |

💬 육십, 10개씩 묶음 6개, 예순은 모두 60을 나타내고,
59 바로 앞의 수는 58을 나타내요.

**2**

| 육십삼 | 63 |
|---|---|
|  | 여든셋 |

**3**

| 80보다 1만큼 더 큰 수 | 아흔하나 |
|---|---|
| 81 |  |

**4**

| 79 | 80 바로 뒤의 수 |
|---|---|
| 칠십구 | 일흔아홉 |

**5**

| 10개씩 묶음 9개와 낱개 8개 | 구십팔 |
|---|---|
| 99보다 1만큼 더 큰 수 | 아흔여덟 |

## 6 수 카드로 수 만들기

● 수 카드 2장을 골라 한 번씩만 사용하여 만들 수 있는 수를 모두 써 보세요.

**1**

| 5 | 6 | 7 |
|---|---|---|

| 56 | 57 | | |
|---|---|---|---|
| | | | |

💬 10개씩 묶음의 자리에 5를 놓으면 낱개의 자리에 6, 7을 놓을 수 있어요.

**2**

| 6 | 7 | 8 |
|---|---|---|

**3**

**4**

## 7 수를 넣어 이야기하기

• 그림에서 수를 찾아 바르게 이야기해 보세요.

**1**

티셔츠에 적힌 등번호는 오십육 번입니다.

**2**

**3**

번호표
84

**4**

선착순
65명
사은품지급

**5**

제79회 피아노 연주회

## 8 I만큼 더 큰 수/작은 수

• 빈칸에 알맞은 수를 써넣으세요.

**1**

I만큼
더 작은 수　　　　　　　I만큼
　　　　　　　　　　　더 큰 수

[　　] ― 63 ― [　　]

I만큼 더 작은 수는 바로 앞의 수,
I만큼 더 큰 수는 바로 뒤의 수예요.

**2**

I만큼
더 작은 수　　　　　　　I만큼
　　　　　　　　　　　더 큰 수

[　　] ― 87 ― [　　]

**3**

I만큼
더 작은 수　　　　　　　I만큼
　　　　　　　　　　　더 큰 수

[　　] ― 70 ― [　　]

**4**

I만큼
더 작은 수　　　　　　　I만큼
　　　　　　　　　　　더 큰 수

[　　] ― 59 ― [　　]

**5**

I만큼
더 작은 수　　　　　　　I만큼
　　　　　　　　　　　더 큰 수

[　　] ― 93 ― [　　]

# 9 수의 순서 알기

● **50부터 99까지의 수를 순서대로 이어 보세요.**

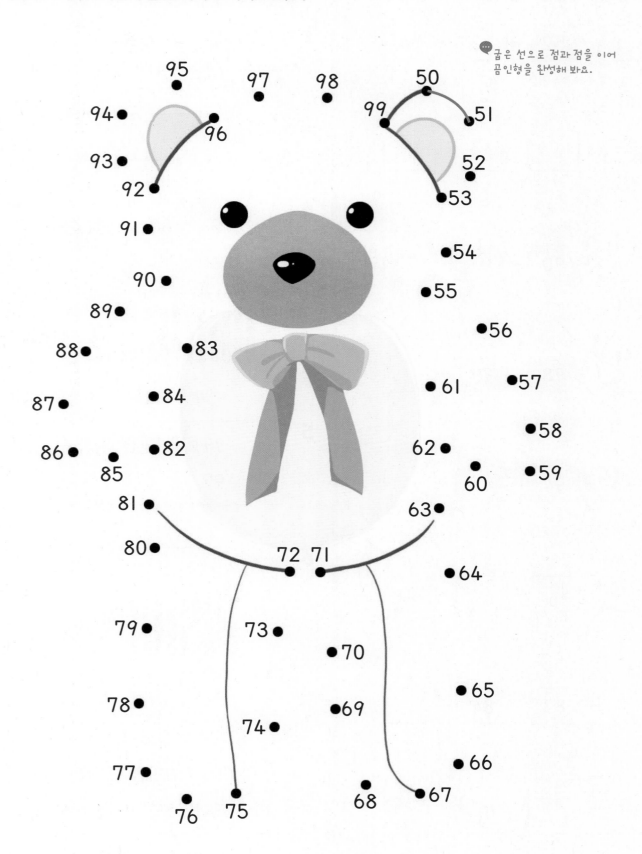

굽은 선으로 점과 점을 이어
곰인형을 완성해 봐요.

# ⑩ 수의 순서

• 수의 순서대로 빈칸에 알맞은 수를 써넣으세요.

**1** 51 — 52 — 53 — 54

💬 52 바로 뒤의 수는 52보다 1만큼 더 큰 수인 53이에요.

**2** 67 — ☐ — 69 — ☐

**3** ☐ — 90 — 91 — ☐

**4** ☐ — 98 — 99 — ☐

**5** 93 — 94 — ☐ — ☐

**6** 77 — ☐ — ☐ — 80

**7** ☐ — 83 — 84 — ☐

**8** ☐ — ☐ — 70 — 71

# ⑪ 세 수의 크기 비교

• 가장 큰 수에 ○표, 가장 작은 수에 △표 하세요.

**1** △58    ○85    75

💬 10개씩 묶음의 수를 먼저 비교해요.

**2** 육십    61    67

**3** 72    80    일흔여덟

**4** 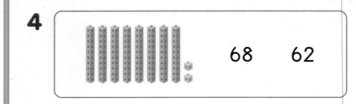    68    62

**5** 99보다 1만큼 더 큰 수
97    아흔

**6** 92보다 1만큼 더 작은 수
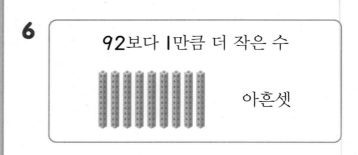
아흔셋

**7** 10개씩 묶음 5개와 낱개 3개
60보다 1만큼 더 작은 수
53과 55 사이에 있는 수

## ⑫ 수의 크기 비교

- 두 수의 크기를 비교하려고 합니다. 주어진 수에서 알맞은 수를 찾아 ☐ 안에 써넣으세요.

**1**

| 68 | 90 | 57 |
|---|---|---|

$80 <$ 90

💬 ☐ 안에는 80보다 큰 수가 들어가요.

**2**

| 72 | 63 | 85 |
|---|---|---|

$78 <$ ☐

**3**

| 87 | 66 | 81 |
|---|---|---|

$84 <$ ☐

**4**

| 96 | 90 | 99 |
|---|---|---|

$92 >$ ☐

**5**

| 54 | 83 | 97 |
|---|---|---|

$57 >$ ☐

**6**

| 93 | 88 | 73 |
|---|---|---|

$75 >$ ☐

## ⑬ 짝수와 홀수

- 짝수를 따라 선으로 이어 보세요.

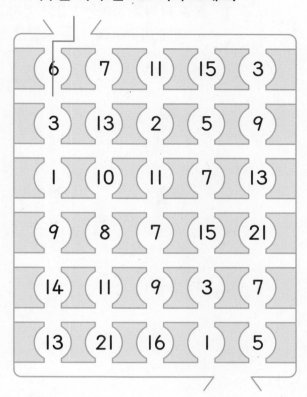

- 홀수를 따라 선으로 이어 보세요.

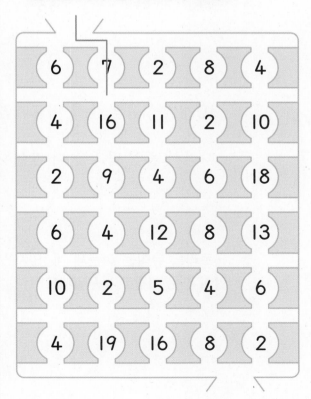

1 붙임 딱지를 서아는 73장 가지고 있고 태하는 예순다섯 장 가지고 있습니다. 붙임 딱지를 **더 많이 가지고 있는 사람은 누구**일까요?

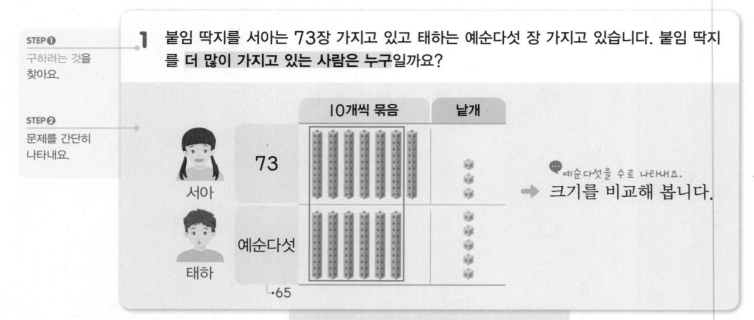

💬 예순다섯을 수로 나타내요.
➡ 크기를 비교해 봅니다.

| | 10개씩 묶음 | 낱개 |
서아 73
태하 예순다섯
↳65

## 73과 65 중 더 큰 수는?

💬 10개씩 묶음의 수가 다르면 낱개의 수를 비교할 필요가 없어요.

| | 10개씩 묶음 | 낱개 |
| --- | --- | --- |
| 73 | 7 | 3 |
| 65 | 6 | 5 |

10개씩 묶음의 수를 비교하면 7 ◯ 6이므로 73 ◯ 65입니다.

따라서 붙임 딱지를 더 많이 가지고 있는 사람은 ☐ 입니다.

2 도토리를 유미는 여든세 개, 민지는 94개, 선우는 아흔두 개 주웠습니다. 도토리를 **가장 많이 주운 사람은 누구**일까요?

(        )

## ⑮ 꺼낸 책의 수 구하기

**STEP ❶**
구하려는 것을
찾아요.

1 책꽂이에 책이 번호 순서대로 꽂혀 있습니다. 연우는 63번과 67번 사이에 있는 책을 모두 꺼냈습니다. 연우가 **꺼낸 책은 모두 몇 권**인지 구해 보세요.

**STEP ❷**
문제를 간단히
나타내요.

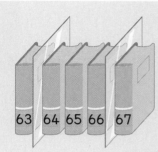

➡ 63과 67 사이에 있는 수는 63보다 크고 67보다 작은 수입니다.

**63보다 크고 67보다 작은 수는 몇 개?**

**STEP ❸**
문제를 해결해요.

63보다 큰 수: $\boxed{64 \quad 65 \quad 66}$ 67 68 …

67보다 작은 수: $\boxed{66 \quad 65 \quad 64}$ 63 62 …

💬 공통인 수를 찾아요.

➡ 63과 67 사이에 있는 수는 64, ☐ , ☐ (으)로 모두 ☐ 개입니다.

따라서 연우가 꺼낸 책은 모두 ☐ 권입니다.

2 사물함에 번호가 순서대로 적혀 있습니다. 은호는 78번과 84번 사이에 있는 사물함에 신발을 한 켤레씩 넣었습니다. 은호가 **넣은 신발은 모두 몇 켤레**인지 구해 보세요.

(                    )

# 단원 평가 ❶

| 점수 | 확인 |

**1** 그림을 보고 □ 안에 알맞은 수를 써넣으세요.

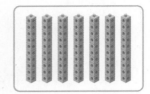

10개씩 묶음 □ 개는 □ 입니다.

**2** 수를 잘못 읽은 것에 모두 ○표 하세요.

69

| 육십구 | 예순구 |
| 육십아홉 | 예순아홉 |

**3** 그림을 보고 알맞은 말에 ○표 하세요.

| | 10개씩 묶음 | 낱개 |
|---|---|---|
| 68 | | |
| 65 | | |

68은 65보다 ( 큽니다 , 작습니다 ).

**4** 나무에 매달린 나뭇잎을 보고 알맞은 말에 ○표 하세요.

나뭇잎의 수는 ( 짝수 , 홀수 )입니다.

**5** □ 안에 알맞은 수를 써넣으세요.

(1) 83보다 1만큼 더 큰 수는 □ 입니다.

(2) 96보다 1만큼 더 작은 수는 □ 입니다.

**6** 짝수에 ○표, 홀수에 △표 하세요.

| 15 | 6 | 27 | 14 | 3 |

**7** 두 수의 크기를 비교하여 ○ 안에 >, <를 알맞게 써넣으세요.

(1) 54 ○ 69

(2) 78 ○ 74

**8** 그림에서 수를 찾아 바르게 이야기해 보세요.

_____

_____

**9** 볼펜은 몇 자루인지 보기 와 같이 풀이 과정을 쓰고 답을 구해 보세요.

> **보기**
>
> 연필은 10자루씩 5상자와 낱개 6자루가 있습니다.
>
> 10개씩 묶음 5개, 낱개 6개와 같으므로 56입니다.
> 따라서 연필은 56자루입니다.
>
> 답　　56자루

> 볼펜은 10자루씩 7상자와 낱개 3자루가 있습니다.

10개씩 묶음 7개, _____

_____

_____

답 _____

**10** 동화책을 더 많이 읽은 사람은 누구인지 보기 와 같이 풀이 과정을 쓰고 답을 구해 보세요.

> **보기**
>
> 위인전을 우빈이는 64쪽 읽었고 지현이는 59쪽 읽었습니다.
>
> 10개씩 묶음의 수가 클수록 큰 수입니다. 10개씩 묶음의 수를 비교하면 6>5이므로 64>59입니다.
> 따라서 위인전을 더 많이 읽은 사람은 우빈입니다.
>
> 답　　우빈

> 동화책을 미선이는 83쪽 읽었고 선아는 87쪽 읽었습니다.

10개씩 묶음의 수가 같으면 낱개의 수가 클수록 _____

_____

_____

답 _____

1

# 단원 평가 ❷

점수　　　확인

**1** 수를 보기 와 같이 두 가지 방법으로 읽어 보세요.

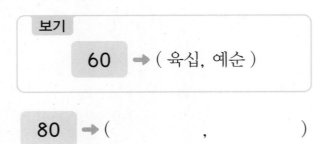

보기

60 ➡ ( 육십, 예순 )

80 ➡ (　　　，　　　)

**2** 색칠된 칸의 수를 세어 수로 나타내 보세요.

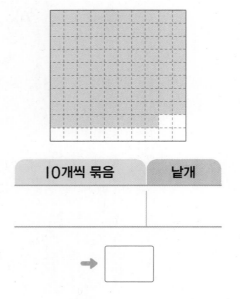

| 10개씩 묶음 | 낱개 |
|---|---|

➡ [　　]

**3** 빈칸에 알맞은 수를 쓰고 읽어 보세요.

96　97　98　99　[　]

쓰기 (　　　　　　)

읽기 (　　　　　　)

**4** 수를 잘못 읽은 것을 찾아 기호를 써 보세요.

㉠ 64 ➡ 육십사　㉡ 71 ➡ 일흔하나
㉢ 83 ➡ 팔십셋　㉣ 96 ➡ 아흔여섯

(　　　　　　)

**5** 수 배열표에서 홀수에 모두 색칠해 보세요.

| 1 | 2 | 3 | 4 | 5 | 6 | 7 | 8 | 9 | 10 |
|---|---|---|---|---|---|---|---|---|---|
| 11 | 12 | 13 | 14 | 15 | 16 | 17 | 18 | 19 | 20 |

**6** 두 수의 크기를 비교하고 읽어 보세요.

72 ◯ 76

➡ ......................

**7** □ 안에 알맞은 수를 써넣으세요.

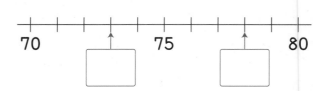

**8** 짝수만 모여 있는 상자를 찾아 ○표 하세요.

(       ) (       ) (       )

서술형 문제
**9** 설명하는 수는 얼마인지 보기 와 같이 풀이 과정을 쓰고 답을 구해 보세요.

> **보기**
>
> 10개씩 묶음 5개와 낱개 12개
>
> 낱개 12개는 10개씩 묶음 1개와 낱개 2개와 같습니다. 따라서 10개씩 묶음 5개와 낱개 12개는 10개씩 묶음 6개와 낱개 2개와 같으므로 62입니다.
>
> 답     62

10개씩 묶음 7개와 낱개 13개

낱개 13개는 10개씩 묶음 1개와

답        

서술형 문제
**10** 수 카드 2장을 골라 한 번씩만 사용하여 가장 큰 두 자리 수를 만들려고 합니다. 보기 와 같이 풀이 과정을 쓰고 답을 구해 보세요.

> **보기**
>
> | 6 | 9 | 8 |
>
> 가장 큰 두 자리 수를 만들려면 10개씩 묶음의 수에 가장 큰 수를 놓고 낱개의 수에 둘째로 큰 수를 놓아야 합니다. 6, 9, 8을 큰 수부터 차례로 쓰면 9, 8, 6입니다. 따라서 가장 큰 두 자리 수는 98입니다.
>
> 답     98

| 7 | 5 | 8 |

가장 큰 두 자리 수를 만들려면

답        

1

# 2 덧셈과 뺄셈(1)

이곳에는
토끼 4마리, 양 3마리,
타조 2 마리가 사이좋게
살고 있어요.

선우는 엄마와 함께 동물원에 갔어요. 선우는 동물원에서 토끼 4마리, 양 3마리, 타조 2마리를 보았어요.
동물 수에 맞게 스티커를 붙이고, 모두 몇 마리인지 알아보는 덧셈을 해 보세요.

스티커 붙이기

엄마! 동물들이 모두
$4+3+2=$ ◻ (마리)가 있어요.

# 1 세 수의 덧셈을 해 볼까요

● **세 수의 덧셈 알아보기**

앞의 두 수를 먼저 더한 다음 나머지 한 수를 더합니다.

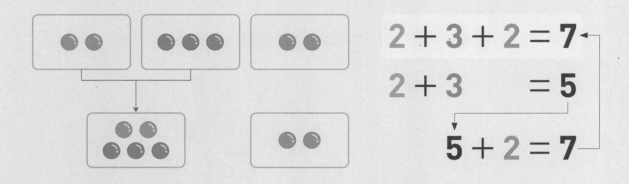

$$2 + 3 + 2 = 7$$
$$2 + 3 \quad\ = 5$$
$$5 + 2 = 7$$

**1** 승연이는 빨간색 색종이 **3**장, 노란색 색종이 **4**장, 초록색 색종이 **1**장을 가지고 있습니다. 색종이의 수에 맞게 ○를 그리고 ☐ 안에 알맞은 수를 써넣으세요.

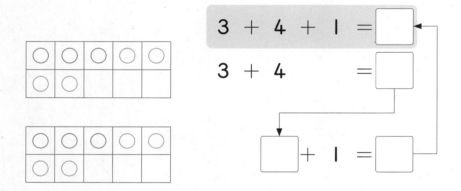

$$3 + 4 + 1 = \boxed{\phantom{0}}$$
$$3 + 4 \qquad = \boxed{\phantom{0}}$$
$$\boxed{\phantom{0}} + 1 = \boxed{\phantom{0}}$$

**2** 그림에 알맞은 식을 만들고 계산해 보세요.

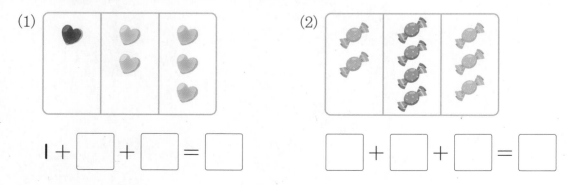

(1)　　$1 + \boxed{\phantom{0}} + \boxed{\phantom{0}} = \boxed{\phantom{0}}$

(2)　　$\boxed{\phantom{0}} + \boxed{\phantom{0}} + \boxed{\phantom{0}} = \boxed{\phantom{0}}$

➔ 정답과 풀이 **23**쪽

● **세 수의 덧셈 계산하기**

$$1 + 1 + 4 = 6$$

$$
\begin{array}{r}
1 \\
+\ 1 \\
\hline
2
\end{array}
\quad\to\quad 2
\qquad
\begin{array}{r}
+\ 4 \\
\hline
6
\end{array}
$$

**3** ⬜ 안에 알맞은 수를 써넣으세요.

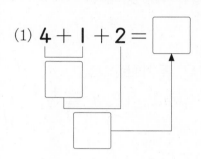

(1) $4 + 1 + 2 =$ ⬜

(2) $2 + 3 + 1 =$ ⬜

**4** ⬜ 안에 알맞은 수를 써넣으세요.

(1) $3 + 2 + 3 =$ ⬜

$$
\begin{array}{r}
3 \\
+\ 2 \\
\hline
\phantom{0}
\end{array}
\qquad
\begin{array}{r}
\phantom{0} \\
+\ 3 \\
\hline
\phantom{0}
\end{array}
$$

(2) $1 + 5 + 3 =$ ⬜

$$
\begin{array}{r}
1 \\
+\ 5 \\
\hline
\phantom{0}
\end{array}
\qquad
\begin{array}{r}
\phantom{0} \\
+\ 3 \\
\hline
\phantom{0}
\end{array}
$$

**5** 합을 구하여 이어 보세요.

| $4+2+2$ | $1+3+3$ | $6+1+2$ |
|:---:|:---:|:---:|
| • | • | • |
| • | • | • |
| 7 | 8 | 9 |

# 2 세 수의 뺄셈을 해 볼까요

● **세 수의 뺄셈 알아보기**

앞의 두 수의 뺄셈을 먼저 한 다음 나머지 한 수를 뺍니다.

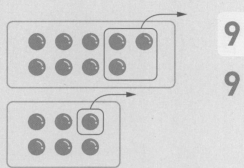

$$9 - 3 - 1 = 5$$
$$9 - 3 \quad = 6$$
$$6 - 1 = 5$$

세 수의 뺄셈은 반드시
앞에서부터 순서대로 빼요.

---

**1** 민재는 색종이 7장을 가지고 있었습니다. 그중에서 2장은 종이학을 접고,
4장은 배를 접었습니다. 접은 색종이의 수에 맞게 /로 지우고 ☐ 안에 알
맞은 수를 써넣으세요.

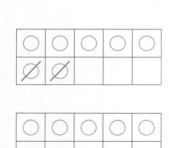

$$7 - 2 - 4 = \boxed{\phantom{0}}$$
$$7 - 2 \quad = \boxed{\phantom{0}}$$
$$\boxed{\phantom{0}} - 4 = \boxed{\phantom{0}}$$

---

**2** 그림에 알맞은 식을 만들고 계산해 보세요.

(1)

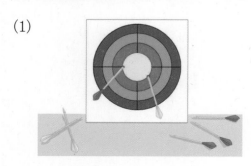

$$7 - \boxed{\phantom{0}} - \boxed{\phantom{0}} = \boxed{\phantom{0}}$$

(2)

$$8 - \boxed{\phantom{0}} - \boxed{\phantom{0}} = \boxed{\phantom{0}}$$

● **세 수의 뺄셈 계산하기**

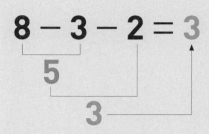

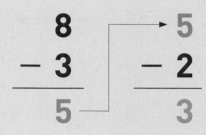

**3** □ 안에 알맞은 수를 써넣으세요. 💬세 수의 뺄셈은 순서를 바꾸어 계산하면 틀린 결과가 나와요.

(1) 7 − 1 − 3 = □

(2) 7 − 5 − 1 = □

**4** □ 안에 알맞은 수를 써넣으세요.

(1) 9 − 4 − 1 = □ ◄──

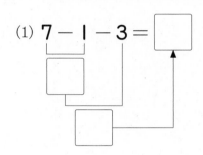

(2) 8 − 2 − 4 = □ ◄──

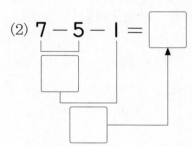

**5** 알맞은 것끼리 이어 보세요.

| 7−3−2 | 6−1−2 | 5−3−1 |
|:---:|:---:|:---:|
| • | • | • |
| | | |
| • | • | • |
| 1 | 2 | 3 |

# 3 10이 되는 더하기를 해 볼까요

● **10이 되는 더하기**

4 5 6 7 8 9 10    $4 + 6 = 10$

💬 4에서 6만큼 이어 세어 보아요.

6 7 8 9 10    $6 + 4 = 10$

> 덧셈에서 더하는 두 수를 바꾸어 더해도 합은 같아요.

**1** □ 안에 알맞은 수를 써넣으세요.

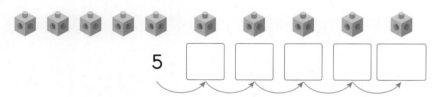

5 □ □ □ □ □     $5 + \boxed{\phantom{0}} = 10$

**2** 그림을 보고 알맞은 덧셈식을 만들어 보세요.

(1)

$8 + \boxed{\phantom{0}} = 10$

(2)

$3 + \boxed{\phantom{0}} = 10$

**3** 합이 10이 되도록 빈칸에 알맞은 수를 써넣으세요.

(1)

| 10 | |
|---|---|
| 3 | |
| 5 | |
| 7 | |
| 9 | |

(2)

| 10 | |
|---|---|
| 2 | |
| 4 | |
| 6 | |
| 8 | |

# 4 10에서 빼기를 해 볼까요

→ 정답과 풀이 24쪽

2. 덧셈과 뺄셈(1)

## ● 10에서 빼기

7 8 9 10

$$10 - 3 = 7$$

💬 10에서 3만큼 거꾸로 세어 보아요.

**1** 그림을 보고 알맞은 뺄셈식을 만들어 보세요.

$$10 - \boxed{\phantom{0}} = \boxed{\phantom{0}}$$

**2** 그림을 보고 알맞은 뺄셈식을 만들어 보세요.

(1)

$$10 - \boxed{\phantom{0}} = \boxed{\phantom{0}}$$

(2)

$$\boxed{\phantom{0}} - \boxed{\phantom{0}} = \boxed{\phantom{0}}$$

**3** 10에서 빼기를 해 보세요.

(1) $10 - 1 = \boxed{\phantom{0}}$     (2) $10 - 2 = \boxed{\phantom{0}}$     (3) $10 - 3 = \boxed{\phantom{0}}$

(4) $10 - 4 = \boxed{\phantom{0}}$     (5) $10 - 5 = \boxed{\phantom{0}}$     (6) $10 - 6 = \boxed{\phantom{0}}$

(7) $10 - 7 = \boxed{\phantom{0}}$     (8) $10 - 8 = \boxed{\phantom{0}}$     (9) $10 - 9 = \boxed{\phantom{0}}$

# 5 10을 만들어 더해 볼까요

● 두 수로 10을 만들어 더하기

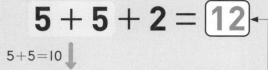

$$5 + 5 + 2 = \boxed{12}$$

5+5=10

$$10 + 2 = \boxed{12}$$

**1** 10을 만들고 남은 수를 더해 보세요.

 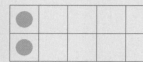

$$10 + \boxed{\phantom{0}} = \boxed{\phantom{0}}$$

**2** 음료수의 수에 맞게 ○를 그리고 식을 써 보세요.

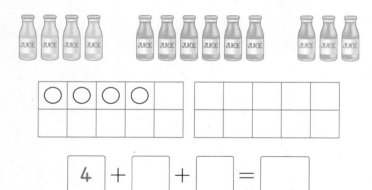

$$\boxed{4} + \boxed{\phantom{0}} + \boxed{\phantom{0}} = \boxed{\phantom{0}}$$

**3** 두 수로 10을 만들어 세 수를 더해 보세요.

(1) $8 + 2 + 6 = \boxed{\phantom{0}}$

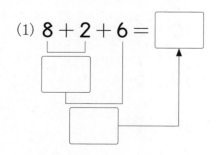

(2) $7 + 3 + 1 = \boxed{\phantom{0}}$

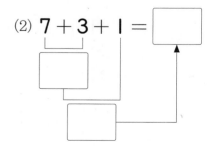

### ● 세 수를 더하는 방법 비교하기

앞에서부터 순서대로 계산합니다.

뒤의 두 수를 먼저 계산합니다.

$$3 + 6 + 4 = 13$$

$$9 + 4 = 13$$

• 9에서 4만큼 이어 세면
10. 11. 12. 13입니다.

$$3 + 6 + 4 = 13$$

$$3 + 10 = 13$$

• 10에 3을 더하므로
계산이 간단합니다.

➡ 순서에 상관없이 10이 되는 두 수를 먼저 더하면 계산이 편리합니다.

앞에서부터 순서대로 더한 결과와 10이 되는 두 수를 먼저 더하고 남은 수를 더한 결과는 같습니다.

---

**4** 10을 만들고 남은 수를 더해 보세요.

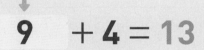

$$\boxed{\phantom{0}} + 10 = \boxed{\phantom{00}}$$

---

**5** 보기 와 같이 10을 만들어 덧셈을 해 보세요.

보기

$$2 + 8 + 5 = 15$$

(1) $5 + 5 + 2 = \boxed{\phantom{00}}$

(2) $3 + 1 + 9 = \boxed{\phantom{00}}$

# 기본기 강화 문제

## ① 세 수의 덧셈, 뺄셈

● □ 안에 알맞은 수를 써넣으세요.

**1** $1 + 3 + 2 = $ □

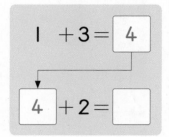

$1 + 3 = $ 4

4 $+ 2 = $ □

**2** $4 + 2 + 1 = $ □

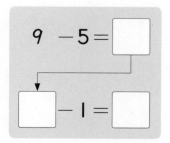

$4 + 2 = $ □

□ $+ 1 = $ □

**3** $8 - 4 - 2 = $ □

$8 - 4 = $ □

□ $- 2 = $ □

**4** $9 - 5 - 1 = $ □

$9 - 5 = $ □

□ $- 1 = $ □

## ② 수직선을 보고 10에서 빼기

● 수직선을 보고 뺄셈을 해 보세요.

**1**
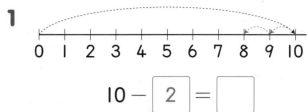

$10 - $ 2 $ = $ □

💬 10에서 한 칸씩 왼쪽으로 이동해요.

**2**
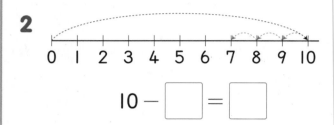

$10 - $ □ $ = $ □

**3**
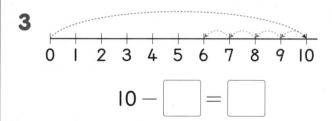

$10 - $ □ $ = $ □

**4**
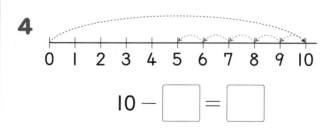

$10 - $ □ $ = $ □

**5**
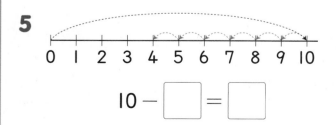

$10 - $ □ $ = $ □

## ③ 10이 되는 두 수 더하기

- **10이 되는 두 수를 이용하여 덧셈식을 써 보세요.**

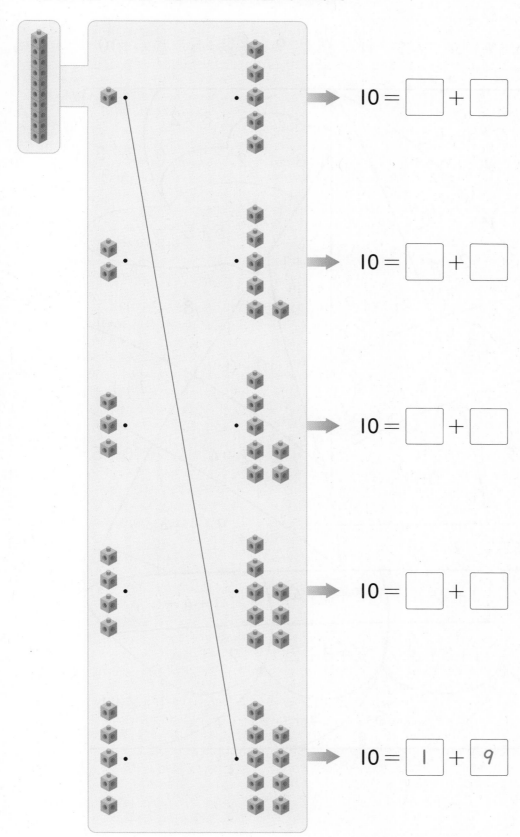

$10 = \boxed{\phantom{0}} + \boxed{\phantom{0}}$

$10 = \boxed{\phantom{0}} + \boxed{\phantom{0}}$

$10 = \boxed{\phantom{0}} + \boxed{\phantom{0}}$

$10 = \boxed{\phantom{0}} + \boxed{\phantom{0}}$

$10 = \boxed{1} + \boxed{9}$

## ④ 계산 결과에 맞게 색칠하기

• 계산 결과에 알맞게 같은 색으로 색칠해 보세요.

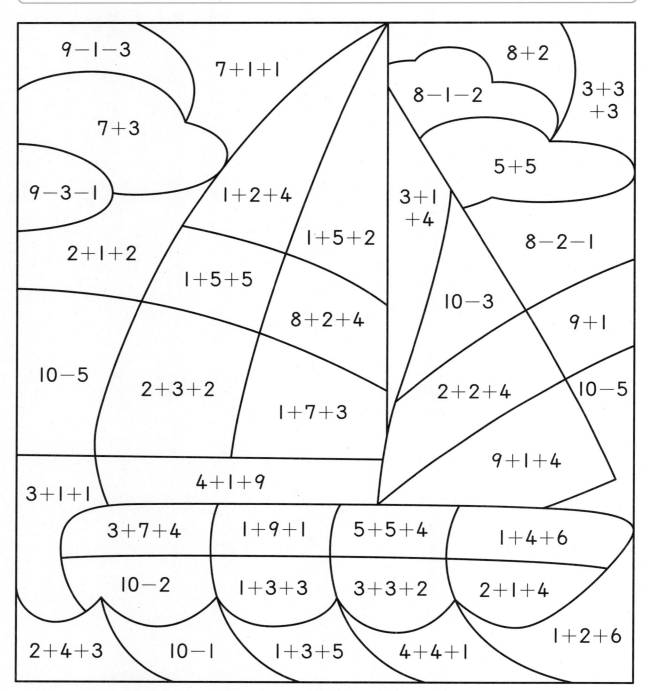

## 5 10이 되는 두 수를 찾아 계산하기

• 더해서 10이 되는 두 수를 찾아 ◯표 하고 계산해 보세요.

**1** (2 + 8) + 6 = $\boxed{16}$

  10 + 6 = 16

**2** 2 + 5 + 5 = $\boxed{\phantom{00}}$

**3** 7 + 4 + 6 = $\boxed{\phantom{00}}$

**4** 1 + 9 + 3 = $\boxed{\phantom{00}}$

**5** 5 + 7 + 3 = $\boxed{\phantom{00}}$

**6** 6 + 4 + 1 = $\boxed{\phantom{00}}$

**7** 4 + 8 + 2 = $\boxed{\phantom{00}}$

**8** 3 + 7 + 9 = $\boxed{\phantom{00}}$

## 6 알맞은 기호 쓰기

• ☐ 안에는 같은 기호가 들어갑니다. ☐ 안에 +, − 중 알맞은 기호를 써넣으세요.

**1** 2 $\boxed{+}$ 2 $\boxed{+}$ 1 = 5

  💬 계산 결과가 처음 수 2보다 커졌으므로 덧셈식이에요.

**2** 4 $\boxed{\phantom{0}}$ 2 $\boxed{\phantom{0}}$ 1 = 7

**3** 5 $\boxed{\phantom{0}}$ 5 $\boxed{\phantom{0}}$ 4 = 14

**4** 2 $\boxed{\phantom{0}}$ 3 $\boxed{\phantom{0}}$ 7 = 12

**5** 9 $\boxed{\phantom{0}}$ 6 $\boxed{\phantom{0}}$ 1 = 2

**6** 8 $\boxed{\phantom{0}}$ 3 $\boxed{\phantom{0}}$ 3 = 2

**7** 7 $\boxed{\phantom{0}}$ 1 $\boxed{\phantom{0}}$ 2 = 4

**8** 6 $\boxed{\phantom{0}}$ 2 $\boxed{\phantom{0}}$ 1 = 3

## ⑦ 모양에 알맞은 수를 찾아 계산하기

● 모양에 알맞은 수를 찾아 계산해 보세요.

| ★ | ◆ | | ■ | | ▲ | | ♥ | | ● |
|---|---|---|---|---|---|---|---|---|---|
| 1 | 2 | 3 | 4 | 5 | 6 | 7 | 8 | 9 | 10 |

**1** ▲ + ■ = $\boxed{10}$

     ↓    ↓

    6 + 4 = 10

**2** ♥ + ◆ = ☐

**3** ● − ■ = ☐

**4** ● − ♥ = ☐

**5** ◆ + ■ + ★ = ☐

**6** ♥ − ■ − ★ = ☐

**7** ♥ − ★ − ◆ = ☐

**8** ★ + ■ + ▲ = ☐

## ⑧ 10을 만들어 더하기

● 수 카드의 세 수를 더해 보세요.

**1**

| 4 | 6 | 8 |
|---|---|---|

$\boxed{4} + \boxed{6} + \boxed{8} = \boxed{18}$

💬 합이 10이 되는 두 수를 먼저 더해요.
4+6+8=10+8=18

**2**

| 1 | 3 | 7 |
|---|---|---|

☐ + ☐ + ☐ = ☐

**3**

| 5 | 5 | 6 |
|---|---|---|

☐ + ☐ + ☐ = ☐

**4**

| 5 | 9 | 1 |
|---|---|---|

☐ + ☐ + ☐ = ☐

**5**

| 2 | 8 | 4 |
|---|---|---|

☐ + ☐ + ☐ = ☐

## ⑨ 올바른 길 찾아 덧셈하기

- 수를 더해서 오른쪽 ⬤에 적힌 수가 되도록 바르게 연결된 선을 찾아 그어 보세요.

**1**

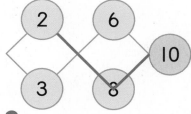

💬2나 3에 어떤 수를 더해야 10이 되는지 찾아봐요.

**2**

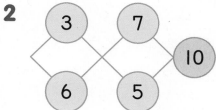

**3**

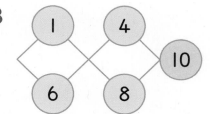

**4**

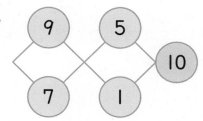

**5**

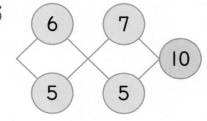

## ⑩ 덧셈식, 뺄셈식 완성하기

- 수 카드 두 장을 골라 덧셈식, 뺄셈식을 완성해 보세요.

**1**

$$1 + \boxed{1} + \boxed{5} = 7$$

또는 1 + 5 + 1 = 7

💬두 장의 수 카드를 합하여 6이 되는 두 수를 찾아봐요.

**2**

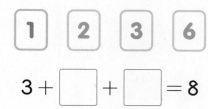

$$3 + \boxed{\phantom{0}} + \boxed{\phantom{0}} = 8$$

**3**

$$\boxed{2} \quad \boxed{3} \quad \boxed{4} \quad \boxed{6}$$

$$2 + \boxed{\phantom{0}} + \boxed{\phantom{0}} = 9$$

**4**

$$\boxed{4} \quad \boxed{3} \quad \boxed{2} \quad \boxed{1}$$

$$5 - \boxed{\phantom{0}} - \boxed{\phantom{0}} = 2$$

**5**

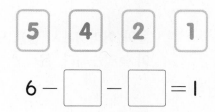

$$6 - \boxed{\phantom{0}} - \boxed{\phantom{0}} = 1$$

# 11 남아 있는 수 구하기

STEP **1**
구하려는 것을
찾아요.

1 지우는 초콜릿을 8개 가지고 있었습니다. 그중에서 소희에게 3개, 민호에게 2개를 주었습니다. 지우에게 **남은 초콜릿은 몇 개**인지 구해 보세요.

STEP **2**
문제를 간단히
나타내요.

$$8-3-2=?$$

STEP **3**
문제를 해결해요.

처음에 가지고 있던 초콜릿의 수에서 친구들에게 준 초콜릿의 수를 차례로 **뺍**니다.

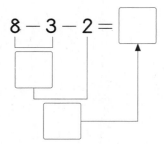

따라서 지우에게 남은 초콜릿은 ☐ 개입니다.

2 놀이터에 어린이 7명이 놀고 있었습니다. 그중에서 1명이 집으로 가고 잠시 후 4명이 더 갔습니다. 지금 놀이터에 **남아 있는 어린이는 몇 명**인지 구해 보세요.

(       )

3 윤아 어머니께서 빵을 9개 사 오셨습니다. 윤아가 2개를 먹고 언니는 윤아보다 1개 더 많이 먹었습니다. 윤아와 언니가 먹고 **남은 빵은 몇 개**인지 구해 보세요.

(       )

➜ 정답과 풀이 **26쪽**

## ⑫ 덧셈식 만들기

**STEP ❶**
구하려는 것을
찾아요.

**1** 책꽂이에 위인전 몇 권, 동화책 몇 권, 시집 5권을 합쳐 모두 15권이 꽂혀 있습니다. 위인전의 수를 ●, 동화책의 수를 ■라고 할 때 ●와 ■에 알맞은 수를 넣어서 위인전과 동화책, 시집을 합쳐 모두 15권이 되는 **덧셈식을 2개** 써 보세요.

**STEP ❷**
문제를 간단히
나타내요.

➜ $\underset{10}{\underline{● + ■}} + 5 = 15$

합이 **10**이 되는 ●와 ■는?

**STEP ❸**
문제를 해결해요.

합이 10이 되는 두 수 ●와 ■를 알아봅니다.

| ● | 1 | 2 | 3 | 4 | 5 | 6 | 7 | 8 | 9 | 10 |
|---|---|---|---|---|---|---|---|---|---|----|
| ■ | 9 | 8 | 7 | 6 | 5 | 4 | 3 | 2 | 1 | |

따라서 만들 수 있는 덧셈식을 2개 쓰면

☐ + ☐ + 5 = 15, ☐ + ☐ + 5 = 15입니다.

**2** 상자 안에 빨간색 파프리카 4개와 노란색 파프리카 몇 개, 초록색 파프리카 몇 개를 합쳐 모두 14개가 들어 있습니다. 노란색 파프리카의 수를 ●, 초록색 파프리카의 수를 ■라고 할 때 ●와 ■에 알맞은 수를 넣어서 빨간색, 노란색, 초록색 파프리카를 합쳐 모두 14개가 되는 **덧셈식을 2개** 써 보세요.

덧셈식 .............................................................................

.............................................................................

# 단원 평가 ❶

점수 | 확인

**1** ☐ 안에 알맞은 수를 써넣으세요.

(1) $3 + 5 + 1 = \boxed{\phantom{0}} + 1$

$= \boxed{\phantom{0}}$

(2) $8 - 1 - 4 = \boxed{\phantom{0}} - 4$

$= \boxed{\phantom{0}}$

**2** 빨간색 연결 모형은 파란색 연결 모형보다 몇 개 더 많은지 ☐ 안에 알맞은 수를 써넣으세요.

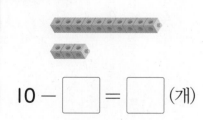

$10 - \boxed{\phantom{0}} = \boxed{\phantom{0}}$ (개)

**3** 새는 모두 몇 마리인지 덧셈식을 만들어 계산해 보세요.

$\boxed{\phantom{0}} + \boxed{\phantom{0}} + \boxed{\phantom{0}} = \boxed{\phantom{0}}$ (마리)

**4** ☐ 안에 알맞은 수를 써넣고 계산해 보세요.

$8 + \boxed{\phantom{0}} + 4 = \boxed{\phantom{0}}$

10

**5** 빈칸에 알맞은 수를 쓰거나 그림을 그려 보세요.

(1)

$7 + \boxed{\phantom{0}} = 10$

(2)

$\boxed{\phantom{0}} + \boxed{\phantom{0}} = 10$

**6** 알맞은 것을 찾아 이어 보세요.

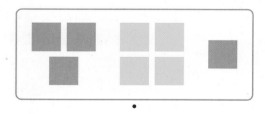

·

· ·

| $4+3+2$ | $3+4+1$ |

· ·

| 7 | 8 | 9 |

**7** 고리 던지기 놀이에서 고리를 선우가 10개, 윤아가 6개 걸었습니다. 선우는 윤아보다 고리를 몇 개 더 많이 걸었을까요?

선우        윤아

(              )

서술형 문제
**8** 세 수를 이용하여 뺄셈식을 만들려고 합니다. 보기 와 같이 풀이 과정을 쓰고 답을 구해 보세요.

> 보기
>
> 2    4    9
>
> 가장 큰 수 **9**에서 **9**보다 작은 두 수를 차례로 뺍니다.
>
> $$9 - 2 - 4 = 7 - 4$$
> $$= 3$$
>
> 답    $9 - 2 - 4 = 3$

l    3    7

가장 큰 수 **7**에서 ................................................

........................................................................

........................................................................

답 ................................

**9** 수 카드 두 장을 골라 덧셈식을 완성해 보세요.

3    1    6    9

$$7 + \boxed{\phantom{0}} + \boxed{\phantom{0}} = 17$$

서술형 문제
**10** ☐ 안에 알맞은 수를 구하려고 합니다. 보기 와 같이 풀이 과정을 쓰고 답을 구해 보세요.

> 보기
>
> $$5 + 5 = 6 + \square$$
>
> $5 + 5 = 10$이므로 $6 + \square = 10$입니다.
>
> **6**과 더해서 **10**이 되는 수는 **4**이므로 ☐ 안에 알맞은 수는 **4**입니다.
>
> 답    4

$$3 + 7 = 8 + \square$$

$3 + 7 =$ ..........................................................

........................................................................

답 ................................

2

# 단원 평가 ❷

점수 　　　확인

**1** 그림에 알맞은 식을 만들고 계산해 보세요.

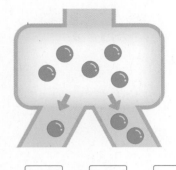

$8 - \boxed{\phantom{0}} - \boxed{\phantom{0}} = \boxed{\phantom{0}}$

**2** 세 가지 색으로 팔찌를 색칠하고 덧셈식을 만들어 보세요.

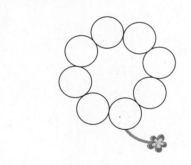

$\boxed{\phantom{0}} + \boxed{\phantom{0}} + \boxed{\phantom{0}} = \boxed{\phantom{0}}$

**3** /을 그려 **뺄셈식**을 만들고 설명해 보세요.

★ 모양 10개에서 $\boxed{\phantom{0}}$ 개를 빼면

$10 - \boxed{\phantom{0}} = \boxed{\phantom{0}}$ 입니다.

**4** □ 안에 알맞은 수를 써넣으세요.

$6 + 4 + 3 = \boxed{\phantom{0}} + 3$

$\phantom{6 + 4 + 3} = \boxed{\phantom{0}}$

**5** 합이 10이 되는 두 수에 ◯표 하고 계산해 보세요.

(1) $8 + 2 + 4 = \boxed{\phantom{0}}$

(2) $6 + 7 + 3 = \boxed{\phantom{0}}$

**6** 차가 같은 것끼리 이어 보세요.

| $9-1-4$ | · | · | $8-3-2$ |

| $5-1-1$ | · | · | $7-2-1$ |

**7** 옆, 위, 아래의 두 수를 더해서 10이 되는 것을 모두 찾아 묶어 보세요.

| ② | ⑧ | 1 | 9 |
| 5 | 6 | 5 | 4 |
| 7 | 3 | 5 | 2 |
| 5 | 9 | 4 | 6 |

**8** ☐ 안에 알맞은 수를 써넣으세요.

(1)

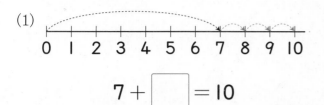

$$7 + \boxed{\phantom{0}} = 10$$

(2)

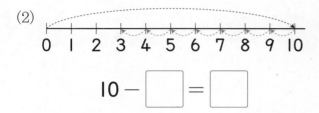

$$10 - \boxed{\phantom{0}} = \boxed{\phantom{0}}$$

서술형 문제

**9** 초코 우유와 딸기 우유가 각각 10개씩 있었습니다. 초코 우유를 몇 개 마셨더니 5개가 남았고, 딸기 우유를 몇 개 마셨더니 3개가 남았습니다. 마신 딸기 우유는 몇 개인지 보기 와 같이 풀이 과정을 쓰고 답을 구해 보세요.

> **보기**
>
> 마신 초코 우유의 수를 ☐로 하여 뺄셈식을 만들면 $10 - ☐ = 5$입니다.
> $10 - 5 = 5$이므로 ☐ $= 5$입니다.
> 따라서 마신 초코 우유는 5개입니다.
>
> 답 _____5개_____

마신 딸기 우유의 수를 ....................................

....................................

....................................

....................................

답 ....................................

서술형 문제

**10** 상자에 들어 있는 공은 모두 몇 개인지 보기 와 같이 풀이 과정을 쓰고 답을 구해 보세요.

> **보기**
>
> > 상자에 배구공이 3개, 농구공이 1개, 테니스공이 3개 들어 있습니다.
>
> 배구공, 농구공, 테니스공의 수를 모두 더하면 $3 + 1 + 3 = 4 + 3 = 7$입니다.
> 따라서 상자에 들어 있는 공은 모두 7개입니다.
>
> 답 _____7개_____

> 상자에 축구공이 2개, 탁구공이 4개, 야구공이 3개 들어 있습니다.

축구공, 탁구공, 야구공의 수를 ....................................

....................................

....................................

....................................

답 ....................................

2

# 3 모양과 시각

소희와 친구들이 소풍을 가서 찍은 사진이에요. 두 사진은 같아 보이지만 서로 다른 부분이 있어요.
두 사진에서 서로 다른 5곳을 찾아 오른쪽 사진에 ○표 하세요.

연필로 찾아보기

# 1 여러 가지 모양을 찾아볼까요

● ■, ▲, ● 모양 찾아보기

| ■ 모양 | ▲ 모양 | ● 모양 |
|---|---|---|

**1** ■, ▲, ● 모양을 따라 그려 보세요.

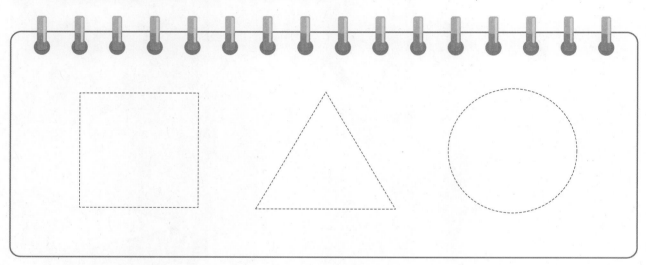

**2** 같은 모양끼리 이어 보세요.

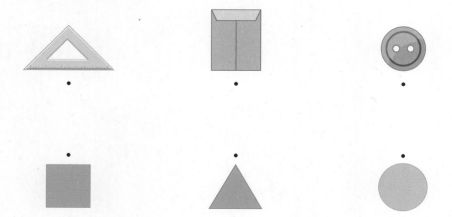

→ 정답과 풀이 28쪽

■, ▲, ● 모양을 찾아 모아 보기

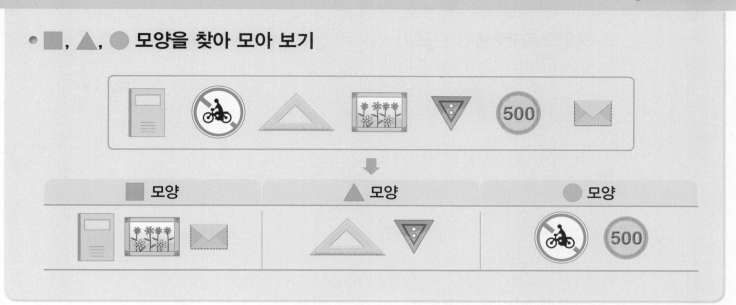

**3** 주어진 모양과 같은 모양의 물건을 모두 찾아 ○표 하세요.

**4** 주어진 모양과 다른 모양을 찾아 ○표 하세요.

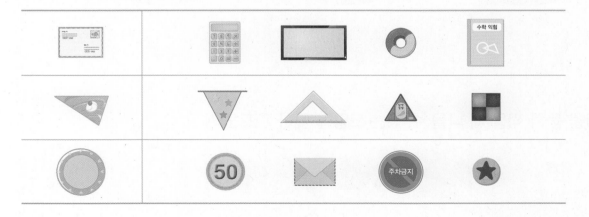

# 2 여러 가지 모양을 알아볼까요

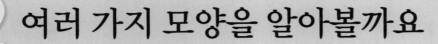

● ■, ▲, ● 모양으로 된 물건 본뜨기

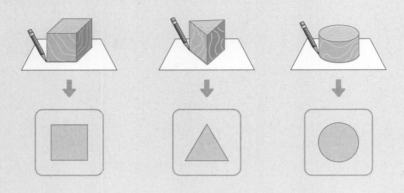

**1** 물건을 종이에 대고 본떠 그렸을 때 알맞은 모양을 찾아 이어 보세요.

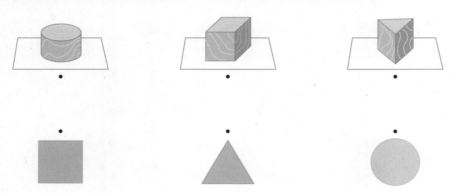

**2** 찰흙 위에 찍었을 때 ▲ 모양이 나오는 것에 ○표 하세요.

(      )     (      )     (      )

**3** 물감을 묻혀 찍을 때 나올 수 있는 모양을 찾아 ○표 하세요.

➡ 정답과 풀이 28쪽

## ▪, ▲, ● 모양 알아보기

모양은 뾰족한 부분과 곧은 선, 둥근 부분으로 구별해요.

| ■ 모양 | ▲ 모양 | ● 모양 |
|---|---|---|
| • 뾰족한 부분이 **4**군데 <br> • 곧은 선이 있음. | • 뾰족한 부분이 **3**군데 <br> • 곧은 선이 있음. | • 뾰족한 부분과 곧은 선이 없음. <br> • 둥근 부분이 있음. |

**4** 손으로 만든 모양과 같은 모양을 찾아 이어 보세요.

**5** 설명하는 모양을 찾아 ○표 하세요.

(1)
둥근 부분이 있습니다.

( ■ , ▲ , ● )

(2)
뾰족한 부분이 **4**군데입니다.

( ■ , ▲ , ● )

**6**  모양에 대한 설명으로 틀린 것을 찾아 기호를 써 보세요.

ㄱ 곧은 선이 있습니다.
ㄴ 뾰족한 부분이 **3**군데입니다.
ㄷ 둥근 부분이 있습니다.

(        )

# 3 여러 가지 모양을 꾸며 볼까요

● ■, ▲, ● **모양으로 게시판 꾸미기** ──• 뾰족한 부분은 ■, ▲ 모양, 둥근 부분은 ● 모양으로 꾸며 봅니다.

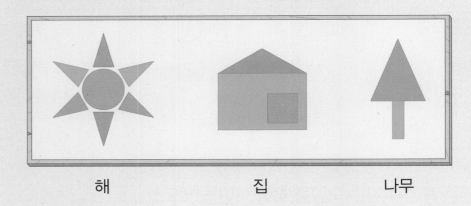

| 해 | 집 | 나무 |

해는 ▲, ● 모양으로, 집은 ■, ▲ 모양으로, 나무는 ■, ▲ 모양으로 꾸몄습니다.

**1** 다음 모양을 만드는 데 이용한 모양에 모두 ○표 하세요.

(1)　　　　　　　　　　　　　　(2)

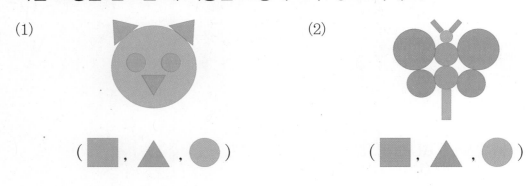

( ■ , ▲ , ● )　　　　　　　　( ■ , ▲ , ● )

**2** ■, ▲, ● 모양을 이용하여 로켓을 꾸며 보세요.

💬 같은 모양을 여러 번 이용해도 됩니다.

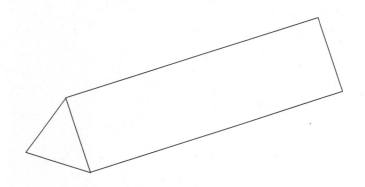

⊙ 정답과 풀이 29쪽

● **꾸민 모양에 이용한 ■, ▲, ● 모양의 수 알아보기**

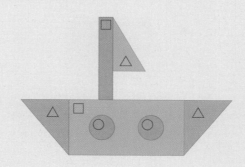

꾸민 모양에 □, △, ○ 표시를 하면서 세면 빠뜨리지 않고 셀 수 있어요.

■ 모양 2개, ▲ 모양 3개, ● 모양 2개를 이용하여 배를 꾸몄습니다.

**3** ■, ▲, ● 모양을 이용하여 오리를 꾸몄습니다. ▲ 모양은 몇 개인지 세어 보세요.

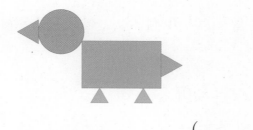

(            )

**4** ■, ▲, ● 모양을 이용하여 집을 꾸몄습니다. ■, ▲, ● 모양은 각각 몇 개인지 세어 보세요.

(1)

■ 모양 (       )
▲ 모양 (       )
● 모양 (       )

(2)

■ 모양 (       )
▲ 모양 (       )
● 모양 (       )

#  4 몇 시를 알아볼까요

● **몇 시 알아보기**

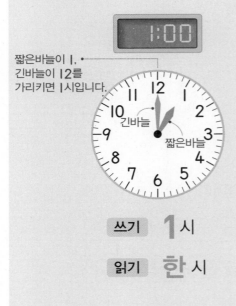

짧은바늘이 I, 긴바늘이 I2를 가리키면 I시입니다.

긴바늘
짧은바늘

쓰기 **1**시
읽기 **한** 시

쓰기 **2**시
읽기 **두** 시

쓰기 **3**시
읽기 **세** 시

한 시, 두 시, 세 시, ..., 열두 시를 일 시, 이 시, 삼 시, ..., 십이 시로 읽지 않습니다.

**1** 8시를 나타내는 시계를 모두 찾아 ○표 하세요.

디지털시계에서 :의 왼쪽은 시를, 오른쪽은 분을 나타내요.

(    )    (    )    (    )    (    )

**2** 시계를 보고 몇 시인지 써 보세요.

(1) ◻ 시

(2) ◻ 시

→ 정답과 풀이 **29**쪽

## ● 몇 시에 하는 일 알아보기

**7**시에

일어납니다.

**3**시에

숙제를 합니다.

**7**시에

저녁 식사를 합니다.

💬 같은 **7**시라도 아침과 저녁으로 달라요.

**3**

**3** 이야기에 알맞게 이어 보세요.

2시에 공놀이를 했습니다.

·

4시에 만화를 보았습니다.

·

9시에 잠자리에 들었습니다.

·

·

·

·

# 5 몇 시 30분을 알아볼까요

● **몇 시 30분 알아보기**

짧은바늘이 1과 2 사이에 있고 긴바늘이 6을 가리키면 1시 30분입니다.

| 쓰기 | **1**시 **30**분 |

| 읽기 | **한** 시 **삼십** 분 |

| 쓰기 | **2**시 **30**분 |

| 읽기 | **두** 시 **삼십** 분 |

**1** 6시 30분을 나타내는 시계를 모두 찾아 ○표 하세요.

(     )    (     )    (     )    (     )

**2** 시계를 보고 몇 시 30분인지 써 보세요.

(1)

☐ 시 **30**분

(2)

☐ 시 **30**분

↪ 정답과 풀이 29쪽

● **몇 시 30분에 하는 일 알아보기**

2시, 12시 30분 등을 시각이라고 해요.

**2**시 **30**분에
줄넘기를 합니다.

**12**시 **30**분에
점심 식사를 합니다.

**9**시 **30**분에
잠자리에 듭니다.

**3** 놀이터에서 놀고, 학교에서 공부한 시각을 써 보세요.

(1)

☐시 ☐분

(2)

☐시 ☐분

**4** 규민이가 아침 식사를 한 시각을 쓰고 읽어 보세요.

쓰기 ☐시 ☐분 읽기 ..................

# 기본기 강화 문제

## 1 ■, ▲, ● 모양의 물건 찾아보기

● 각 모양의 물건이 몇 개 있는지 빈칸에 각 물건의 수만큼 ○표 하세요.

| | ■ 모양 | ▲ 모양 | ● 모양 |
|---|---|---|---|
| 9 | | | |
| 8 | | | |
| 7 | | | |
| 6 | | | |
| 5 | | | |
| 4 | | | |
| 3 | | | |
| 2 | | | |
| 1 | ○ | | |

## ② ■, ▲, ● 모양 찾기

- 주어진 모양을 모두 찾아 ○표 하세요.

**1** ■ 모양

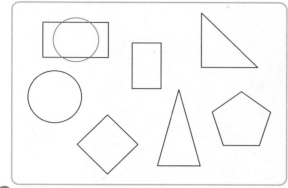

💬 뾰족한 부분이 4군데 있는 모양을 찾아요.

**2** ▲ 모양

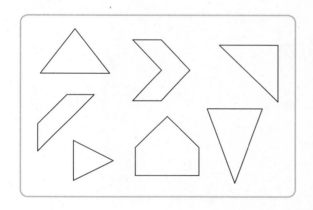

**3** ● 모양

## ③ ■, ▲, ● 모양 알아보기

- 그림에 대한 설명이 맞으면 ○표, 틀리면 ✕표 하세요.

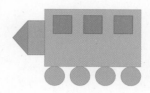

**1** 바퀴의 모양은 ■ 모양으로만 되어 있습니다.

( ✕ )

💬 바퀴의 모양은 ● 모양이에요.

**2** 빨간색으로 색칠된 모양은 ▲ 모양입니다.

( )

**3** ● 모양은 4개를 이용하였습니다.

( )

**4** 가장 많이 이용한 모양은 ● 모양입니다.

( )

**5** 가장 적게 이용한 모양은 ▲ 모양입니다.

( )

**6** 빨간색으로 색칠된 모양은 곧은 선이 3군데 입니다.

( )

**7** 파란색으로 색칠된 모양은 뾰족한 부분이 3 군데입니다.

( )

**8** 초록색으로 색칠된 모양은 뾰족한 부분이 없 습니다.

( )

3

# 4 ■, ▲, ● 모양의 수 구하기

● 바닷속을 ■, ▲, ● 모양으로 꾸몄습니다. ■, ▲, ● 모양은 각각 몇 개인지 써 보세요.

■ 모양 (                    )

▲ 모양 (                    )

● 모양 (                    )

💬 빠뜨리거나 두 번 세지 않도록
모양별로 다른 표시를 하여 세도록 해요.

## 5 이용하지 않은 모양 찾기

- ■ , ▲ , ● 모양 중에서 이용하지 않은 모양을 찾아 ○표 하세요.

**1**

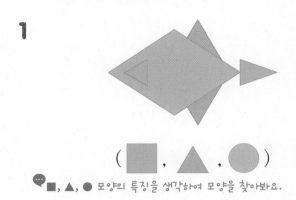

( ■ , ▲ , ● )

💬 ■ , ▲ , ● 모양의 특징을 생각하여 모양을 찾아봐요.

**2**

( ■ , ▲ , ● )

**3**

( ■ , ▲ , ● )

## 6 그림 완성하기

- 주어진 모양을 모두 이용하여 그림을 완성해 보세요.

**1**

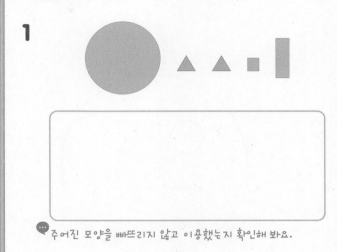

💬 주어진 모양을 빠뜨리지 않고 이용했는지 확인해 봐요.

**2**

**3**

# 7 ■, ▲, ● 모양 찾아 색칠하기

● 효정이와 희창이는 여러 가지 모양으로 로봇을 꾸몄습니다. ■ 모양은 노란색, ▲ 모양은
빨간색, ● 모양은 초록색으로 색칠해 보세요.

◆ 정답과 풀이 31쪽

## 8 짧은바늘과 긴바늘 그리기

● 시각에 알맞게 시계의 짧은바늘 또는 긴바늘을 그려 보세요.

**1**

I시 30분

💬 I시 30분은 짧은바늘이
I과 2 사이에 있고
긴바늘이 6을 가리켜요.

**2**

10시

**3**

4시

**4**

2시 30분

**5**

8시 30분

## 9 설명하는 시각 알아보기

● 시계에서 짧은바늘과 긴바늘이 가리키는 숫자를 보고 설명하는 시각을 써 보세요.

**1**

짧은바늘: 5
긴바늘: 12
→  5 시

💬 짧은바늘이 ■, 긴바늘이 I2를 가리키면 ■시예요.

**2**

짧은바늘: 5와 6 사이
긴바늘: 6

→ ☐ 시 ☐ 분

**3**

짧은바늘: I2와 I 사이
긴바늘: 6

→ ☐ 시 ☐ 분

**4**

짧은바늘: I2
긴바늘: I2
→ ☐ 시

**5**

짧은바늘: 7과 8 사이
긴바늘: 6

→ ☐ 시 ☐ 분

**6**

짧은바늘: 8
긴바늘: I2
→ ☐ 시

# ⑩ 같은 시각 이어 보기

● 같은 시각끼리 이어 보세요.

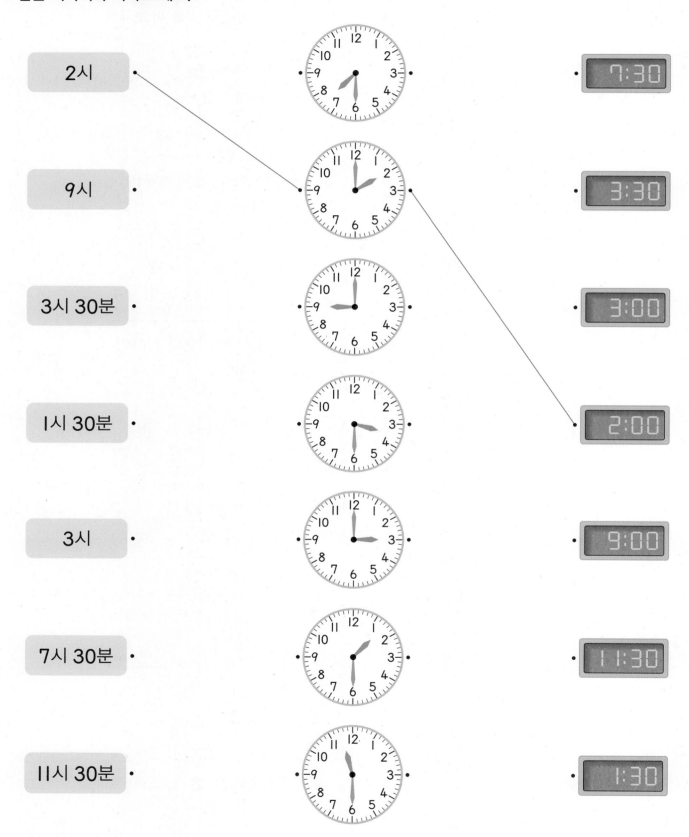

2시

9시

3시 30분

1시 30분

3시

7시 30분

11시 30분

7:30

3:30

3:00

2:00

9:00

11:30

1:30

## 11 미로 빠져나가기

• 보기 와 같은 규칙으로 미로를 빠져나가 보세요. 30분씩 지난 시각을 순서대로 찾아봐요.

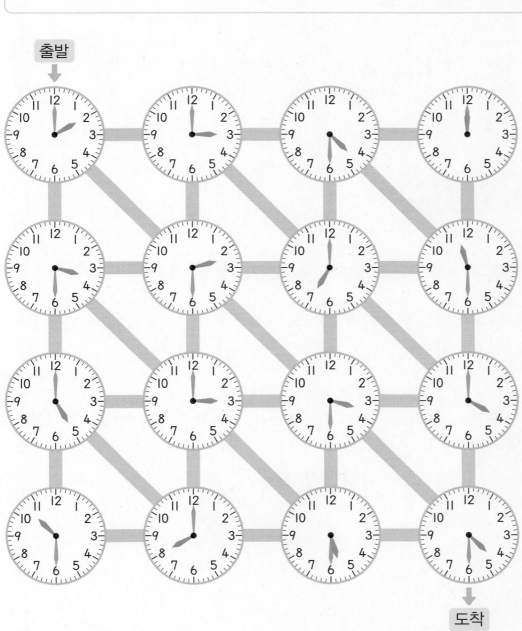

## ⑫ 꾸민 모양에서 뾰족한 부분의 수 구하기

**STEP ❶**
구하려는 것을
찾아요.

**1** 두 가지 모양으로 제비를 꾸몄습니다. 꾸미는 데 이용한 두 모양에는 **뾰족한 부분이 모두 몇 군데**일까요?

**STEP ❷**
문제를 간단히
나타내요.

➡ 제비에서 찾을 수 있는 두 모양을
알아봅니다.

■와 ▲ 모양에서 뾰족한 부분은 몇 군데?

**STEP ❸**
문제를 해결해요.

➡ 제비 모양은 ■, ▲, ● 모양 중

☐, ☐ 모양을 이용하여 꾸몄습니다.

■ 모양은 뾰족한 부분이 **4**군데, ▲ 모양은 뾰족한 부분이 ☐군데이므로

이용한 두 모양에는 뾰족한 부분이 모두 **4** + ☐ = ☐ (군데)입니다.

**2** 두 가지 모양으로 기차를 꾸몄습니다. 꾸미는 데 이용한 두 모양에는 **뾰족한 부분이 모두 몇 군데**일까요?

(              )

## ⑬ 주어진 시각에 한 일 찾기

STEP ❶
구하려는 것을 찾아요.

**1** 민호가 토요일에 한 일입니다. 민호가 **3시에 한 일**은 무엇인지 써 보세요.

STEP ❷
문제를 간단히 나타내요.

숙제하기

영화 보기

책 읽기

➡ 각각의 시계가 나타내는 시각을 읽어 봅니다.

**3**시를 나타내는 시계는?

STEP ❸
문제를 해결해요.

숙제하기: 짧은바늘이 12와 1 사이, 긴바늘이 ☐ ➡ ☐ 시 ☐ 분

영화 보기: 짧은바늘이 ☐, 긴바늘이 ☐ ➡ ☐ 시

책 읽기: 짧은바늘이 6, 긴바늘이 ☐ ➡ ☐ 시

따라서 민호가 3시에 한 일은 ☐ 입니다.

**2** 주하가 일요일에 한 일입니다. 주하가 **4시 30분에 한 일**은 무엇인지 써 보세요.

간식 먹기

텔레비전 보기

보드게임하기

(          )

# 단원 평가 ❶

**[1~2]** 여러 가지 물건을 보고 물음에 답하세요.

가 △　　나 ▢　　다 🕐　　라 ◺

마 🍕　　바 △　　사 ／　　아 ⊞

**1** ▢ 모양의 물건을 모두 찾아 기호를 써 보세요.

( 　　　　　　　　　 )

**2** ● 모양의 물건은 모두 몇 개일까요?

( 　　　　　　　　　 )

**3** 어떤 모양에 대한 설명인지 알맞은 모 양에 모두 ○표 하세요.

곧은 선이 있습니다.

( ▢ , △ , ● )

**4** 시계를 보고 몇 시인지 써 보세요.

[ 　 ]시

**5** 같은 시각끼리 이어 보세요.

**6** 예진이네 가족은 벚꽃 구경을 갔습니 다. 점심 식사를 한 시각을 시계에 나 타내 보세요.

**7** 뾰족한 부분이 없는 과자는 모두 몇 개 인지 세어 써 보세요.

( 　　　　　　　　　 )

**8** 다음 모양을 꾸미는 데 이용한 ▲ 모양 은 모두 몇 개일까요?

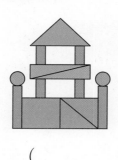

(              )

서술형 문제

**9** 설명하는 시각을 구하려고 합니다. 보기 와 같이 풀이 과정을 쓰고 답을 구해 보세요.

> 보기
>
> > 짧은바늘: 11
> > 긴바늘: 12
>
> 긴바늘이 12를 가리키면 몇 시입니 다. 짧은바늘은 몇 시에서 몇을 나타 내므로 설명하는 시각은 11시입니다.
>
> 답       11시

> 짧은바늘: 5와 6 사이
> 긴바늘: 6

긴바늘이 6을 가리키면 ....................................

....................................................................

....................................................................

답 ....................................

서술형 문제

**10** 가장 많이 이용한 모양은 무엇인지 보기 와 같이 풀이 과정을 쓰고 답을 구해 보세요.

> 보기
>
>
>
> 나무 모양은 ■ 모양 1개, ▲ 모양 3 개, ● 모양 1개로 꾸몄습니다. 따라서 가장 많이 이용한 모양은 ▲ 모양입니다.
>
> 답    ▲ 모양

로켓 모양은 ....................................

....................................................................

....................................................................

답 ....................................

# 단원 평가 ❷

점수 | 확인

**1** 같은 모양끼리 이어 보세요.

**2** 음료수 캔을 종이에 대고 본떴을 때 나오는 모양을 찾아 ○표 하세요.

 (  )

**3** 어떤 모양의 물건을 모은 것인지 찾아 ○표 하세요.

(  )

**4** 6시를 나타내는 시계를 찾아 ○표 하세요.

(      )      (      )

**5** 시계에 시각을 나타내 보세요.

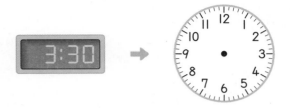

**6** 여러 가지 모양으로 기차를 꾸몄습니다. ■ 모양을 모두 찾아 색칠해 보세요.

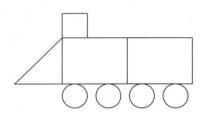

**7** 계획표를 보고 이어 보세요.

| | 시각 |
|---|---|
| 책 읽기 | 10시 |
| 피아노 연습하기 | 2시 30분 |

**8** 두 모양에서 찾을 수 있는 뾰족한 부분은 모두 몇 군데일까요?

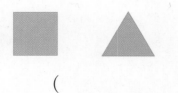

(              )

서술형 문제
**9** 주어진 시각을 시계에 나타낼 때 긴바늘이 가리키는 숫자는 무엇인지 보기 와 같이 풀이 과정을 쓰고 답을 구해 보세요.

> **보기**
>
>
>
> 디지털시계가 나타내는 시각은 **5**시입니다. **5**시일 때 긴바늘이 가리키는 숫자는 **12**입니다.
>
> 답         **12**

디지털시계가 나타내는 시각은

답 _____

서술형 문제
**10** 이용한 ■ 모양은 ▲ 모양보다 몇 개 더 많은지 보기 와 같이 풀이 과정을 쓰고 답을 구해 보세요.

> **보기**
>
>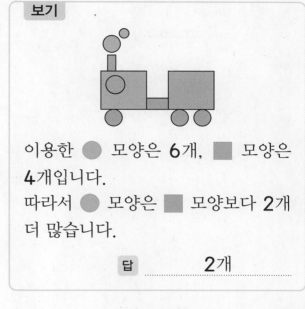
>
> 이용한 ● 모양은 **6**개, ■ 모양은 **4**개입니다.
> 따라서 ● 모양은 ■ 모양보다 **2**개 더 많습니다.
>
> 답        **2**개

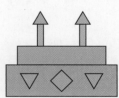

이용한 ■ 모양은 _____

답 _____

# 4 덧셈과 뺄셈(2)

1등 터트린 풍선 **8**개
2등 터트린 풍선 **7**개
3등 터트린 풍선 **6**개

풍선
터트리기

놀이동산에서 아빠가 풍선 터트리기를 하여 5개의 풍선을 터트렸어요.
터트린 풍선의 수만큼 스티커를 붙이고 남은 풍선의 수를 알아보는 뺄셈을 해 보세요.

스티커 붙이기

아빠가 5개의 풍선을 터트려서

12 − 5 = ☐ (개)가 남았어요.

# 1 덧셈을 알아볼까요

● 양은 모두 몇 마리인지 알아보기

$$8 + 4 = \boxed{?}$$

선택 1 이어 세기로 구하기

8에서부터 이어 세면 9, 10, 11, 12입니다.

선택 2 십 배열판에 △를 그려 구하기

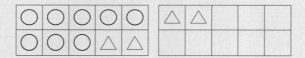

○ 8개를 그린 다음, △ 4개를 더 그리면 모두 12개입니다.

선택 3 구슬을 옮겨 구하기

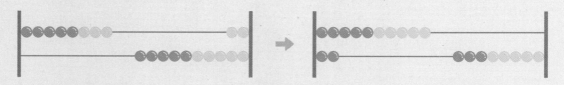

구슬 8개를 옮긴 다음, 4개를 더 옮기면 모두 12개입니다.

$$8 + 4 = 12$$

양은 모두 몇 마리인지 덧셈식으로 나타내면 8+4=12예요.

→ 정답과 풀이 **34쪽**

**1** 주스는 모두 몇 개인지 알아보려고 합니다. 물음에 답하세요.

(1) 이어 세기로 구해 보세요.

6  7  8  ☐  ☐  ☐

(2) 주스는 모두 몇 개인지 덧셈식으로 나타내 보세요.

$$6 + 5 = \boxed{\phantom{0}}$$

**2** 우유갑은 모두 몇 개인지 구해 보세요.

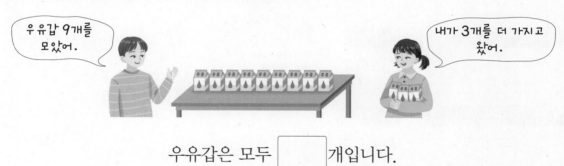

우유갑 9개를 모았어.

내가 3개를 더 가지고 왔어.

우유갑은 모두 ☐ 개입니다.

**3** 새는 모두 몇 마리인지 알아보려고 합니다. 알맞은 수만큼 △를 그려 넣고 덧셈식으로 나타내 보세요.

| ○ | ○ | ○ | ○ | ○ |  |  |  |  |  |
| ○ | ○ |  |  |  |  |  |  |  |  |

$$7 + \boxed{\phantom{0}} = \boxed{\phantom{0}}$$

# 2 덧셈을 해 볼까요

- **뒤의 수를 가르기하여 더하기**

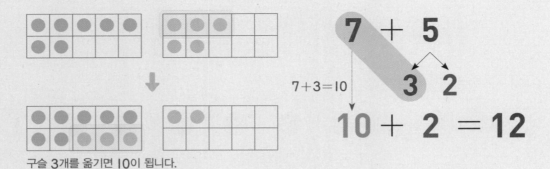

7+3=10

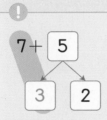

5는 여러 가지 방법으로 가르기할 수 있지만
7과 더해서 10이 되는 수는 3이므로 3과 2로 가르기합니다.

---

**1** 9 + 4를 계산해 보세요.

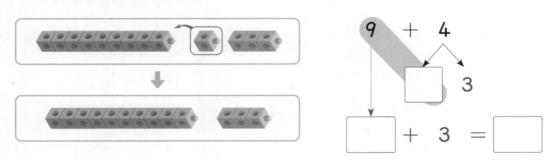

---

**2** 덧셈을 해 보세요.

(1)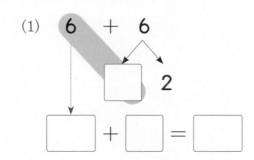

(2)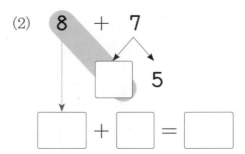

## 앞의 수를 가르기하여 더하기

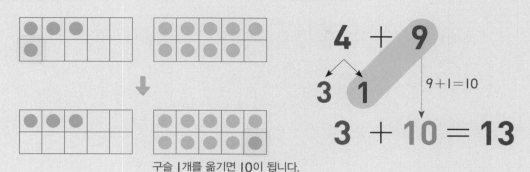

구슬 1개를 옮기면 10이 됩니다.

$$4 + 9$$
$$3 \quad 1 \qquad 9+1=10$$
$$3 + 10 = 13$$

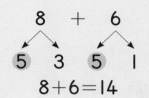

5와 5를 더하여 10을 만들 수 있습니다.

**3** 5 + 7을 계산해 보세요.

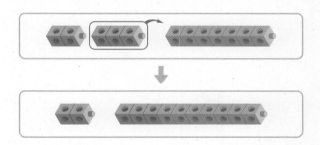

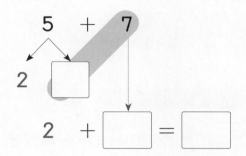

**4** 덧셈을 해 보세요.

(1)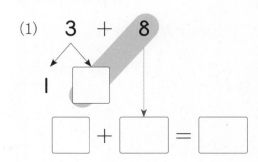

(2)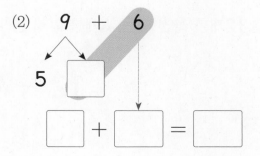

# 3 뺄셈을 알아볼까요

● **연못에 남아 있는 개구리는 몇 마리인지 알아보기**

$$12 - 4 = \boxed{?}$$

**선택 거꾸로 세기로 구하기**

12에서부터 거꾸로 세면 11, 10, 9, 8입니다.

**선택 2 연결 모형을 이용하여 구하기**

연결 모형 12개에서 4개를 빼면 남는 것은 8개입니다.

**선택 3 구슬을 옮겨 구하기**

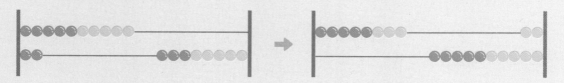

구슬 12개를 옮긴 다음, 4개를 다시 원래 자리로 옮기면 8개입니다.

$$12 - 4 = 8$$

남아 있는 개구리는 몇 마리인지
뺄셈식으로 나타내면 12−4=8이에요.

**1** 어떤 인형이 몇 개 더 많은지 알아보려고 합니다. 물음에 답하세요.

(1) 바둑돌을 하나씩 짝 지어 보고, 뺄셈식으로 나타내 보세요.

$$13 - 7 = \boxed{\phantom{0}}$$

(2) ( 🐻 , 🐰 )이 ( 🐻 , 🐰 )보다 $\boxed{\phantom{0}}$ 개 더 많습니다.

**2** 남는 통의 수를 구해 보세요.

통 11개 중 6개는
분리배출해야지.

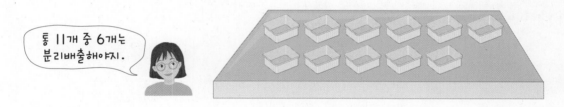

남는 통의 수는 $\boxed{\phantom{0}}$ 개입니다.

**3** 노란 튤립이 빨간 튤립보다 몇 송이 더 많은지 구해 보세요.

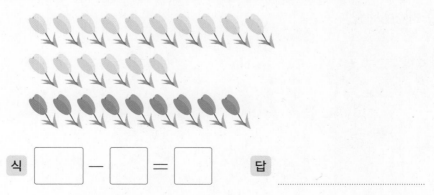

식 $\boxed{\phantom{0}} - \boxed{\phantom{0}} = \boxed{\phantom{0}}$     답 _____

# 4 뺄셈을 해 볼까요

● **뒤의 수를 가르기하여 빼기**

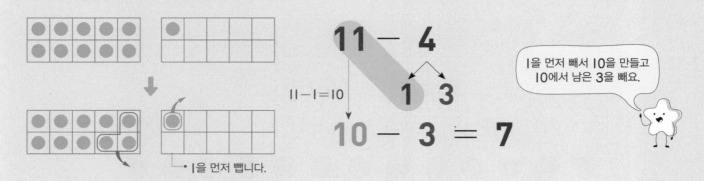

$11 - 1 = 10$

$$11 - 4$$
$$1 \quad 3$$
$$10 - 3 = 7$$

1을 먼저 빼서 10을 만들고 10에서 남은 3을 빼요.

●1을 먼저 뺍니다.

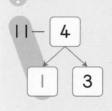

$$11 - 4$$
$$1 \quad 3$$

4는 여러 가지 방법으로 가르기할 수 있지만
11에서 빼면 10이 되는 수는 1이므로 1과 3으로 가르기합니다.

**1** 14 − 6을 계산해 보세요.

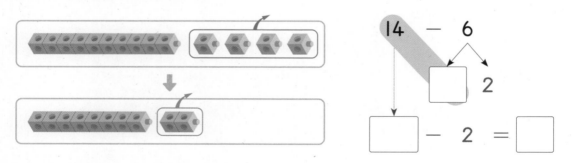

$$14 - 6$$
$$\square \quad 2$$
$$\square - 2 = \square$$

**2** 뺄셈을 해 보세요.

(1)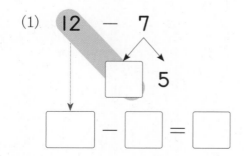

$$12 - 7$$
$$\square \quad 5$$
$$\square - \square = \square$$

(2)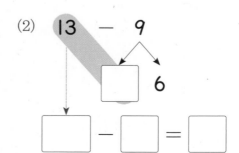

$$13 - 9$$
$$\square \quad 6$$
$$\square - \square = \square$$

↪ 정답과 풀이 **35쪽**

앞의 수를 가르기하여 빼기

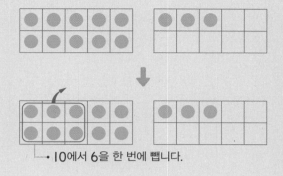

↳ 10에서 6을 한 번에 뺍니다.

$$13 - 6$$

10  3

$$10 - 6 + 3$$
$$= 4 + 3 = 7$$

10에서 6을 빼고
남은 4와 3을 더해야 해요.

**3** 15 − 7을 계산해 보세요.

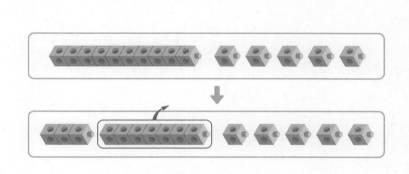

$$15 - \boxed{7}$$

$$\boxed{\phantom{0}} \qquad 5$$

$$\boxed{\phantom{0}} - \boxed{7} + 5$$

$$= \boxed{\phantom{0}} + 5 = \boxed{\phantom{0}}$$

**4** 뺄셈을 해 보세요.

(1)   $$11 - 6$$

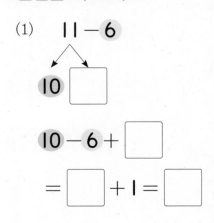

10   □

$$10 - 6 + \boxed{\phantom{0}}$$

$$= \boxed{\phantom{0}} + 1 = \boxed{\phantom{0}}$$

(2)   $$16 - 9$$

□   6

$$\boxed{\phantom{0}} - 9 + 6$$

$$= \boxed{\phantom{0}} + 6 = \boxed{\phantom{0}}$$

# 5 여러 가지 덧셈을 해 볼까요

| 6 + **6** = **12** | **9** + 5 = **14** |
| --- | --- |
| 6 + **7** = **13** | **8** + 5 = **13** |
| 6 + **8** = **14** | **7** + 5 = **12** |
| 6 + **9** = **15** | **6** + 5 = **11** |

같은 수에 1씩 커지는 수를 더하면 합도 1씩 커집니다.

1씩 작아지는 수에 같은 수를 더하면 합도 1씩 작아집니다.

**1** ☐ 안에 알맞은 수를 써넣으세요.

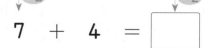
두 수를 서로 바꾸어 더해도 합은 같아요.

(1) $7 + 6 = \boxed{\phantom{0}}$

$7 + 7 = \boxed{\phantom{0}}$

$7 + 8 = \boxed{\phantom{0}}$

$7 + 9 = \boxed{\phantom{0}}$

(2) $8 + 8 = \boxed{\phantom{0}}$

$7 + 8 = \boxed{\phantom{0}}$

$6 + 8 = \boxed{\phantom{0}}$

$5 + 8 = \boxed{\phantom{0}}$

(3) $9 + 6 = \boxed{\phantom{0}}$

$6 + 9 = \boxed{\phantom{0}}$

(4) $8 + 3 = \boxed{\phantom{0}}$

$3 + \boxed{\phantom{0}} = 11$

**2** 덧셈을 해 보세요.

(1) $6 + 6 = \boxed{\phantom{0}}$

$\downarrow +2 \qquad \downarrow +2$

$8 + 6 = \boxed{\phantom{0}}$

(2) $9 + 4 = \boxed{\phantom{0}}$

$\downarrow -2 \qquad \downarrow -2$

$7 + 4 = \boxed{\phantom{0}}$

(3) $9 + 5 = \boxed{\phantom{0}}$

$\downarrow +2 \qquad \downarrow +2$

$9 + 7 = \boxed{\phantom{0}}$

(4) $8 + 9 = \boxed{\phantom{0}}$

$\downarrow -2 \qquad \downarrow -2$

$8 + 7 = \boxed{\phantom{0}}$

# 6 여러 가지 뺄셈을 해 볼까요

→ 정답과 풀이 35쪽

$$15 - 6 = 9$$
$$15 - 7 = 8$$
$$15 - 8 = 7$$
$$15 - 9 = 6$$

같은 수에서 |씩 커지는 수를 빼면
차는 |씩 작아집니다.

$$12 - 7 = 5$$
$$13 - 7 = 6$$
$$14 - 7 = 7$$
$$15 - 7 = 8$$

|씩 커지는 수에서 같은 수를 빼면
차도 |씩 커집니다.

**1** □ 안에 알맞은 수를 써넣으세요.

(1) $11 - 2 = \boxed{\phantom{0}}$

$11 - 3 = \boxed{\phantom{0}}$

$11 - 4 = \boxed{\phantom{0}}$

$11 - 5 = \boxed{\phantom{0}}$

(2) $14 - 9 = \boxed{\phantom{0}}$

$15 - 9 = \boxed{\phantom{0}}$

$16 - 9 = \boxed{\phantom{0}}$

$17 - 9 = \boxed{\phantom{0}}$

(3) $11 - 4 = \boxed{\phantom{0}}$

$12 - 5 = \boxed{\phantom{0}}$

$13 - 6 = \boxed{\phantom{0}}$

$14 - 7 = \boxed{\phantom{0}}$

**2** 뺄셈을 해 보세요.

(1) $12 - 8 = \boxed{\phantom{0}}$
  ↓ +2          ↓ +2
$14 - 8 = \boxed{\phantom{0}}$

(2) $12 - 4 = \boxed{\phantom{0}}$
  ↓ +1          ↓ -1
$12 - 5 = \boxed{\phantom{0}}$

(3) $16 - 9 = \boxed{\phantom{0}}$
  ↓ -3          ↓ -3
$13 - 9 = \boxed{\phantom{0}}$

(4) $14 - 6 = \boxed{\phantom{0}}$
  ↓ +1          ↓ +1
$15 - 7 = \boxed{\phantom{0}}$

# 기본기 강화 문제

## ① 10을 이용하여 덧셈하기

● 덧셈을 해 보세요.

**1**

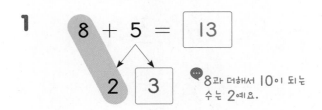

$8 + 5 = \boxed{13}$

2  ⌐3⌐

💬 8과 더해서 10이 되는 수는 2예요.

$8 + 5 = \boxed{\phantom{0}}$

⌐⌐  5

💬 5와 더해서 10이 되는 수는 5예요.

**2**

$9 + 7 = \boxed{\phantom{0}}$

1  ⌐⌐

$9 + 7 = \boxed{\phantom{0}}$

⌐⌐  3

**3**

$7 + 4 = \boxed{\phantom{0}}$

3  ⌐⌐

$7 + 4 = \boxed{\phantom{0}}$

⌐⌐  6

## ② 10을 이용하여 뺄셈하기

● 뺄셈을 해 보세요.

**1**

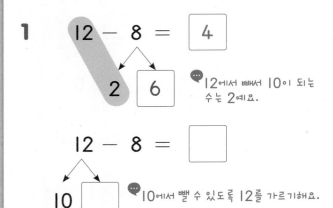

$12 - 8 = \boxed{4}$

2  ⌐6⌐

💬 12에서 빼서 10이 되는 수는 2예요.

$12 - 8 = \boxed{\phantom{0}}$

10  ⌐⌐

💬 10에서 뺄 수 있도록 12를 가르기해요.

**2**

$13 - 5 = \boxed{\phantom{0}}$

3  ⌐⌐

$13 - 5 = \boxed{\phantom{0}}$

10  ⌐⌐

**3**

$14 - 9 = \boxed{\phantom{0}}$

4  ⌐⌐

$14 - 9 = \boxed{\phantom{0}}$

10  ⌐⌐

**③ 덧셈식, 뺄셈식 완성하기**

● 같은 색 풍차에서 수를 골라 덧셈식을 완성해 보세요.

**1**

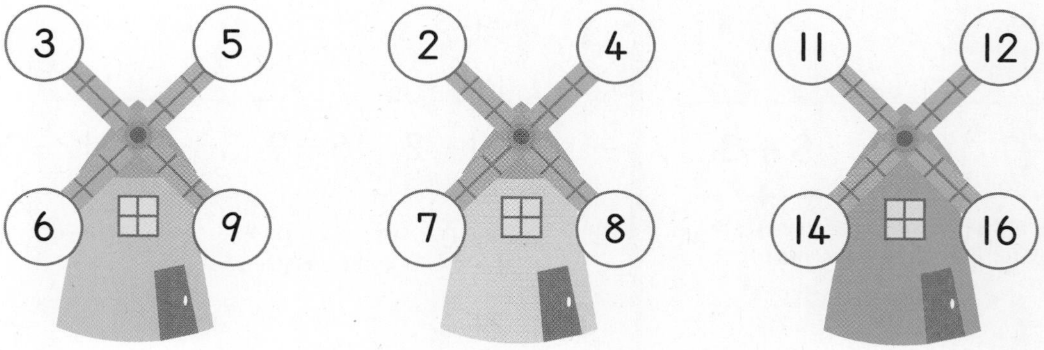

3   5
6   9

2   4
7   8

11   12
14   16

3 + 8 = 11

☐ + ☐ = ☐

☐ + ☐ = ☐

💬 합이 초록색 풍차에 있는 수가 되는 두 수를 골라야 해요.

● 같은 색 행성에서 수를 골라 뺄셈식을 완성해 보세요.

**2**

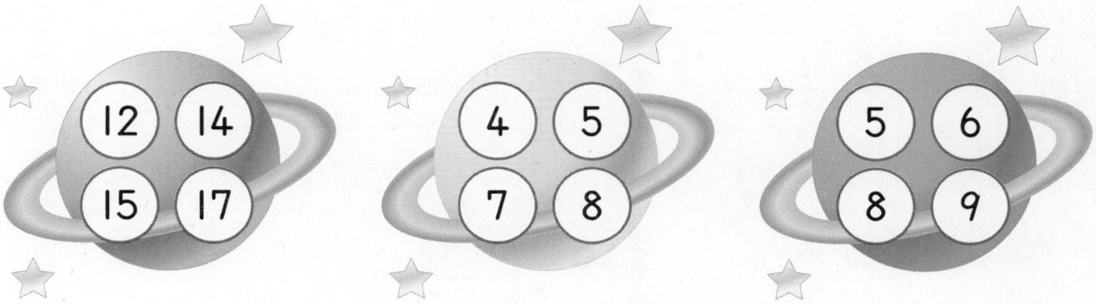

12   14
15   17

4   5
7   8

5   6
8   9

☐ − ☐ = ☐

☐ − ☐ = ☐

☐ − ☐ = ☐

💬 차가 초록색 행성에 있는 수가 되는 두 수를 골라야 해요.

## 4 조건에 맞는 덧셈식 찾기

• 조건에 맞는 덧셈식을 찾아 ○표 하세요.

**1** 합: 15

(7 + 8)　9 + 7　6 + 6　8 + 3

앞의 수를 10으로 만들기 위해 뒤의 수를 가르기하거나, 뒤의 수를 10으로 만들기 위해 앞의 수를 가르기하여 계산해요.

**2** 합: 17

8 + 8　9 + 8　7 + 6　5 + 9

**3** 합: 14

4 + 7　6 + 5　7 + 7　8 + 5

**4** 합: 16

9 + 4　7 + 9　5 + 6　6 + 9

**5** 합: 13

7 + 4　9 + 5　8 + 6　5 + 8

**6** 합: 12

6 + 5　6 + 6　6 + 7　6 + 8

## 5 조건에 맞는 뺄셈식 찾기

• 조건에 맞는 뺄셈식을 찾아 ○표 하세요.

**1** 차: 8

11 − 2　16 − 9　(13 − 5)　12 − 3

빼서 10이 되도록 뒤의 수를 가르기하거나 10에서 뺄 수 있도록 앞의 수를 가르기하여 계산해요.

**2** 차: 5

17 − 8　14 − 7　15 − 6　12 − 7

**3** 차: 9

13 − 8　16 − 7　15 − 8　17 − 9

**4** 차: 6

11 − 3　12 − 6　13 − 6　14 − 9

**5** 차: 4

14 − 6　15 − 9　16 − 8　11 − 7

**6** 차: 7

12 − 5　13 − 7　14 − 8　15 − 7

## 6 보물 찾기

● 연결된 선을 따라 나오는 보물에 알맞은 답을 써넣으세요.

💬 세로선의 위에서 아래로 내려갑니다. 세로선을 따라가다 가로선을 만나면 그 가로선을 따라 옆의 세로선으로 이동하여 다시 아래로 내려갑니다.

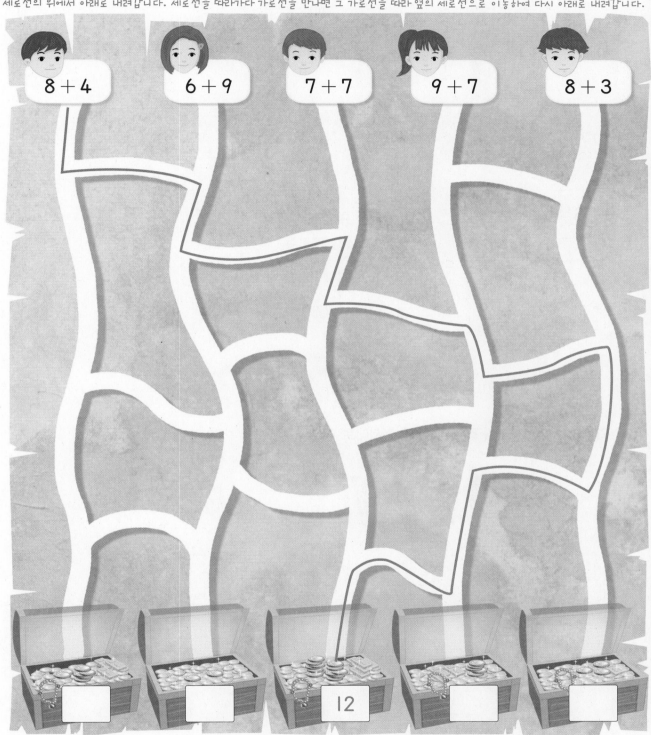

8 + 4    6 + 9    7 + 7    9 + 7    8 + 3

12

## 7 합(차)가 작은 식부터 순서대로 잇기

● 두 수의 합을 구하고 합이 작은 것부터 순서대로 이어 보세요.

**1**

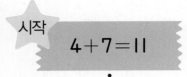

시작
$4+7=11$

$8+8=\boxed{\phantom{00}}$     $5+8=\boxed{\phantom{00}}$

$9+3=\boxed{\phantom{00}}$     $9+6=\boxed{\phantom{00}}$

$7+7=\boxed{\phantom{00}}$

● 두 수의 차를 구하고 차가 작은 것부터 순서대로 이어 보세요.

**2**

시작
$12-8=4$

$15-8=\boxed{\phantom{00}}$     $13-7=\boxed{\phantom{00}}$

$13-4=\boxed{\phantom{00}}$     $17-9=\boxed{\phantom{00}}$

$14-9=\boxed{\phantom{00}}$

## 8 이어서 계산하기

● 빈칸에 알맞은 수를 써넣으세요.

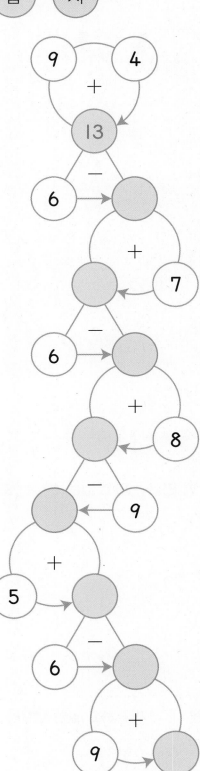

## 9 덧셈식과 뺄셈식으로 나타내기

● 옆으로 덧셈식이 되는 세 수를 찾아 ⬭로 묶고, □ + □ = □로 나타내 보세요.

**1**

| 6 + 7 = 13 | | | 8 |
|---|---|---|---|
| 13 | 9 | 9 | 18 |
| 7 | 8 | 4 | 12 |
| 5 | 9 | 14 | 17 |
| 11 | 7 | 6 | 13 |

● 옆으로 뺄셈식이 되는 세 수를 찾아 ⬭로 묶고, □ − □ = □로 나타내 보세요.

**2**

| 6 | 11 − 4 = 7 | | |
|---|---|---|---|
| 10 | 13 | 5 | 8 |
| 1 | 12 | 6 | 6 |
| 15 | 7 | 8 | 19 |
| 14 | 8 | 6 | 12 |

## ⑩ 경기를 하고 있는 선수는 몇 명인지 구하기

**STEP ①**
구하려는 것을
찾아요.

**STEP ②**
문제를 간단히
나타내요.

**1** 배구는 6명의 선수가 한 팀입니다. 두 팀끼리 경기를 할 때 **경기를 하고 있는 선수는 모두 몇 명**인지 구해 보세요.

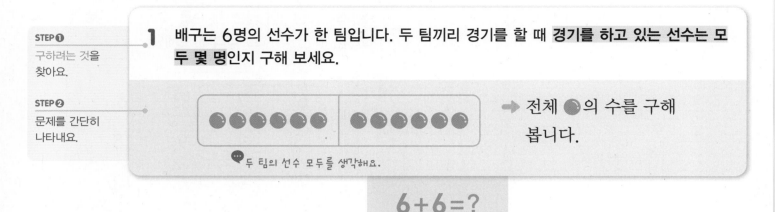

➡ 전체 🔵의 수를 구해 봅니다.

💬 두 팀의 선수 모두를 생각해요.

$6+6=?$

**STEP ③**
문제를 해결해요.

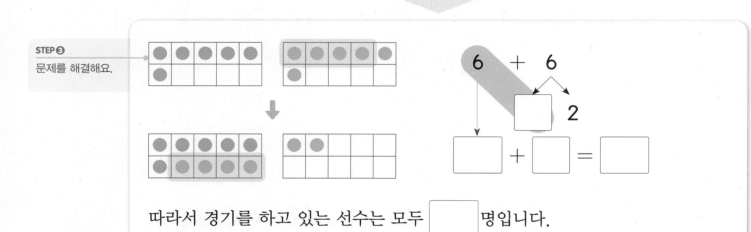

따라서 경기를 하고 있는 선수는 모두 ☐ 명입니다.

**2** 야구는 9명의 선수가 한 팀입니다. 두 팀끼리 경기를 할 때 **경기를 하고 있는 선수는 모두 몇 명**인지 구해 보세요.

(                    )

**3** 핸드볼은 7명의 선수가 한 팀입니다. 두 팀끼리 경기를 할 때 **경기를 하고 있는 선수는 모두 몇 명**인지 구해 보세요.

(                    )

## ⑪ 이긴 사람 찾기

**STEP ❶**
구하려는 것을
찾아요.

**1** 카드에 적힌 두 수의 차가 큰 사람이 이기는 놀이를 하였습니다. **이긴 사람은 누구인지** 구해 보세요.

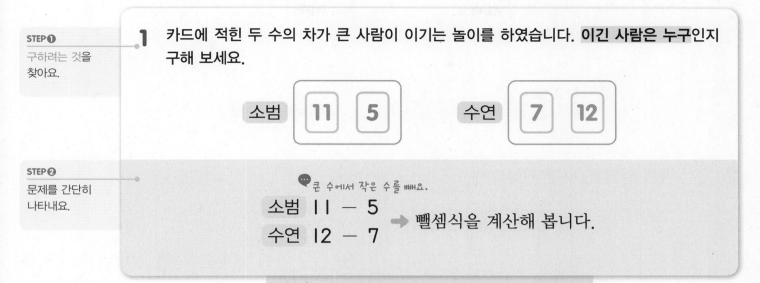

소범 [ 11 ] [ 5 ]    수연 [ 7 ] [ 12 ]

**STEP ❷**
문제를 간단히
나타내요.

💬 큰 수에서 작은 수를 빼요.

소범 11 − 5
수연 12 − 7    ➡ 뺄셈식을 계산해 봅니다.

**11−5와 12−7** 중 더 큰 수는?

**STEP ❸**
문제를 해결해요.

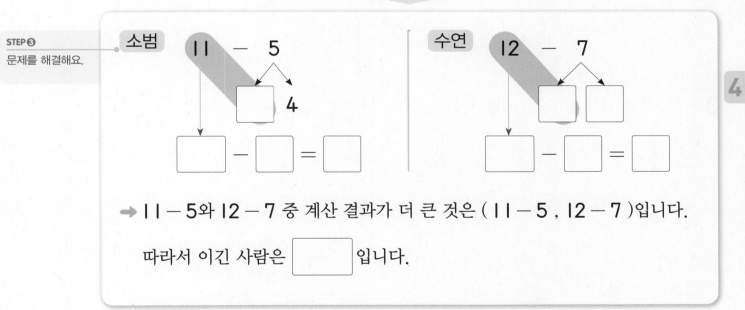

소범 11 − 5
4
☐ − ☐ = ☐

수연 12 − 7
☐ − ☐ = ☐

➡ 11 − 5와 12 − 7 중 계산 결과가 더 큰 것은 ( 11 − 5 , 12 − 7 )입니다.

따라서 이긴 사람은 ☐ 입니다.

**2** 카드에 적힌 두 수의 차가 큰 사람이 이기는 놀이를 하였습니다. **이긴 사람은 누구인지** 구해 보세요.

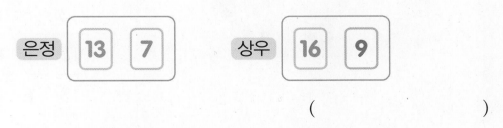

은정 [ 13 ] [ 7 ]    상우 [ 16 ] [ 9 ]

(         )

# 단원 평가 ❶

점수 | 확인

**1** ☐ 안에 알맞은 수를 써넣으세요.

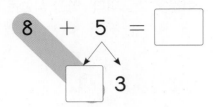

8 + 5 = ☐

3

**2** ☐ 안에 알맞은 수를 써넣으세요.

16 − 9

10 ☐

16 − 9 = ☐

**3** ☐ 안에 알맞은 수를 써넣으세요.

5 + 7 = ☐

6 + 7 = ☐

7 + 7 = ☐

**4** 과자 14개 중 6개를 먹었습니다. 남은 과자는 몇 개인지 식으로 나타내 보세요.

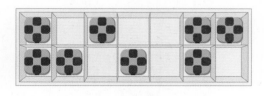

☐ − ☐ = ☐ (개)

**5** 빈칸에 알맞은 수를 써넣으세요.

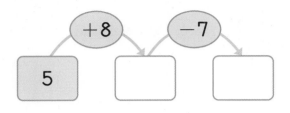

5

**6** ☐ 안에 알맞은 수를 써넣어 덧셈식을 완성해 보세요.

(1) 8 + 3 = 11

☐ + 3 = 12

(2) 6 + 9 = 15

7 + ☐ = 15

**7** 12 − 6과 차가 같은 식을 모두 찾아 색칠해 보세요.

| 11 − 6 | 11 − 7 | 11 − 8 | 11 − 9 |
|--------|--------|--------|--------|
| 12 − 6 | 12 − 7 | 12 − 8 | 12 − 9 |
| 13 − 6 | 13 − 7 | 13 − 8 | 13 − 9 |
| 14 − 6 | 14 − 7 | 14 − 8 | 14 − 9 |
| 15 − 6 | 15 − 7 | 15 − 8 | 15 − 9 |

**8** 수 카드 **3**장으로 서로 다른 뺄셈식을 만들어 보세요.

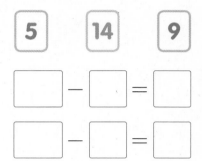

$$\boxed{\phantom{0}} - \boxed{\phantom{0}} = \boxed{\phantom{0}}$$

$$\boxed{\phantom{0}} - \boxed{\phantom{0}} = \boxed{\phantom{0}}$$

서술형 문제

**9** **7**＋**8**을 두 가지 방법으로 계산하려고 합니다. 보기 와 같이 풀이 과정을 쓰고 답을 구해 보세요.

보기

앞의 수 **7**과 더해서 **10**이 되는 수는 **3**이므로 뒤의 수 **8**을 **3**과 **5**로 가르기합니다.

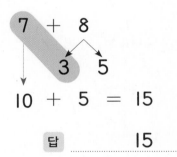

**10** ＋ **5** ＝ **15**

답 ＿＿＿**15**＿＿＿

뒤의 수 **8**과 더해서 ......

......

......

답 ......

서술형 문제

**10** **1**반과 **2**반의 여학생들에게 공책을 한 권씩 나누어 주려고 합니다. 공책은 몇 권 더 필요한지 보기 와 같이 풀이 과정을 쓰고 답을 구해 보세요.

보기

**1**반의 여학생 수: **14**명
가지고 있는 공책 수: **8**권

**1**반의 여학생 수 **14**명에서 가지고 있는 공책 수 **8**권을 빼면 더 필요한 공책 수를 구할 수 있습니다.

➡ **14** － **8** ＝ **6**
따라서 공책은 **6**권 더 필요합니다.

답 ＿＿＿＿**6**권＿＿＿＿

**2**반의 여학생 수: **13**명
가지고 있는 공책 수: **7**권

**2**반의 여학생 수 **13**명에서 ......

......

......

답 ......

# 단원 평가 ❷

점수 | 확인

**1** □ 안에 알맞은 수를 써넣으세요.

(1)
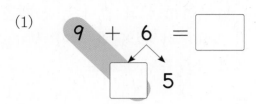
$9 + 6 = \boxed{\phantom{00}}$
$\boxed{\phantom{00}}$ 5

(2)
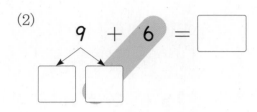
$9 + 6 = \boxed{\phantom{00}}$
$\boxed{\phantom{00}}$ $\boxed{\phantom{00}}$

**2** 뺄셈식에 맞게 /으로 지워 뺄셈을 해 보세요.

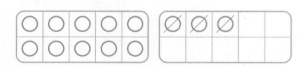

$13 - 7 = \boxed{\phantom{00}}$
$\boxed{\phantom{00}}$ $\boxed{\phantom{00}}$

**3** □ 안에 알맞은 수를 써넣으세요.

$16 - 8 = \boxed{\phantom{00}}$

$15 - 8 = \boxed{\phantom{00}}$

$14 - 8 = \boxed{\phantom{00}}$

**4** 빈칸에 알맞은 수를 써넣으세요.

| + | 6 | 7 | 8 | 9 |
|---|---|---|---|---|
| 5 | 11 | 12 | 13 | |
| 6 | 12 | 13 | | |
| 7 | 13 | | | |

**5** 사과는 배보다 몇 개 더 많은지 □ 안에 알맞은 수를 써넣으세요.

$\boxed{\phantom{00}} - \boxed{\phantom{00}} = \boxed{\phantom{00}}$ (개)

**6** 차를 구하여 이어 보세요.

12−3 ·          · 7

14−6 ·          · 8

15−8 ·          · 9

**7** 두 수의 합이 가장 작은 것에 ○표 하세요.

8+8     7+6     9+5

**8** 합이 같도록 점을 그리고, □ 안에 알맞은 수를 써넣으세요.

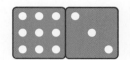 

$9 + 3 =$ ☐   $7 + $ ☐ $ = $ ☐

서술형 문제

**9** 준서는 색종이 14장 중에서 7장을 사용했고, 윤아는 색종이 11장 중에서 5장을 사용했습니다. 윤아에게 남은 색종이는 몇 장인지 보기 와 같이 풀이 과정을 쓰고 답을 구해 보세요.

> 보기
>
> ### 준서에게 남은 색종이 수
>
> 처음에 있던 색종이 수에서 사용한 색종이 수를 빼면 남은 색종이는 $14 - 7 = 7$(장)입니다.
>
> 답 ____7장____

### 윤아에게 남은 색종이 수

처음에 있던 색종이 수에서 _____

_____

답 _____

서술형 문제

**10** 수 카드 중 두 장을 골라 합이 15인 덧셈식을 만들려고 합니다. 보기 와 같이 풀이 과정을 쓰고 답을 구해 보세요.

> 보기
>
> | 8 | 7 | 9 |
>
> 만들 수 있는 덧셈식은
> $8 + 7 = 15$, $8 + 9 = 17$,
> $7 + 9 = 16$이므로 합이 15인 덧셈식은 $8 + 7 = 15$입니다.
>
> 답 ____$8 + 7 = 15$____

| 4 | 6 | 9 |

만들 수 있는 덧셈식은 _____

_____

_____

답 _____

# 5 규칙 찾기

친구들이 정원을 꾸미고 있습니다. 연우와 지수는 울타리를 색칠하고 은수와 민지는 화분에 꽃을 심고 있습니다. 친구들의 대화를 읽고 울타리와 화분에 알맞은 스티커를 붙여 보세요.

스티커 붙이기

# 1 규칙을 찾아볼까요

● **반복되는 모양 찾아보기**

규칙 ◆, ♥가 반복됩니다.

● **반복되는 색깔 찾아보기**

규칙 보라색, 보라색, 주황색이 반복됩니다.

**1** 보기 와 같이 반복되는 부분을 ⬚로 묶어 보세요.

**2** 규칙에 따라 빈칸에 알맞은 모양을 찾아 ○표 하세요.

(1)

(2)

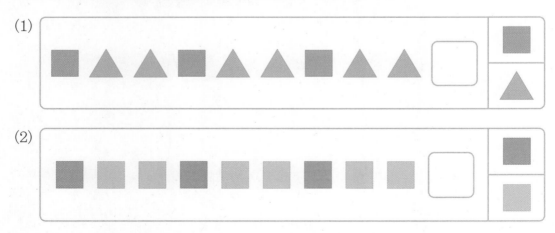

**3** 규칙을 찾아 바르게 말한 것에 ◯표 하세요.

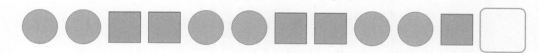

하늘색  연두색

규칙  하늘색, 연두색이 반복됩니다.  (      )

규칙  하늘색, 연두색, 하늘색이 반복됩니다. (      )

**4** 규칙을 찾아 빈칸에 알맞은 그림을 그리고 색칠해 보세요.

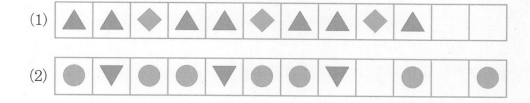

**5** 규칙에 따라 빈칸에 알맞은 그림을 그리고 색칠해 보세요.

(1)

(2)

**6** 반복되는 부분을 ◯로 묶고 규칙을 찾아 써 보세요.

규칙  색 테이프의 무늬는 [    ], [    ]이/가 반복됩니다.

# 2 규칙을 만들어 볼까요

● **바둑돌로 규칙 만들기**

> 규칙 검은색 바둑돌, 흰색 바둑돌이 반복되는 규칙을 만들었습니다.

● **색깔로 규칙 만들기**

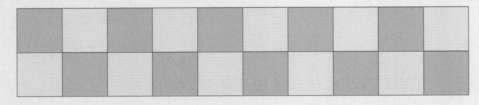

> 규칙 첫째 줄은 빨간색, 노란색이 반복되는 규칙을 만들었습니다.
> 둘째 줄은 노란색, 빨간색이 반복되는 규칙을 만들었습니다.

● **모양으로 규칙 만들기**

> 규칙 첫째 줄은 ●, ★, ★이 반복되는 규칙을 만들었습니다.
> 둘째 줄은 ★, ★, ●가 반복되는 규칙을 만들었습니다.

**1** 구슬(● ●)로 규칙을 만들어 보세요.

**2** 규칙에 따라 빈칸에 알맞은 색을 칠해 보세요.

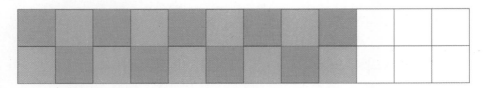

**3** 규칙을 만들어 네잎클로버를 색칠해 보세요.

**4** ○, △ 모양으로 규칙을 만들어 구슬 팔찌를 꾸며 보세요.

(1)

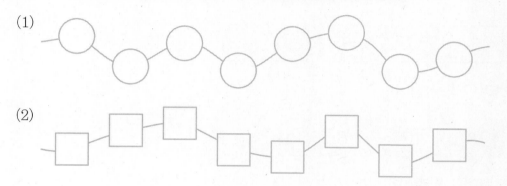

(2)

**5** 규칙을 만들어 무늬를 색칠해 보세요.

**6** 보기 의 모양을 이용하여 규칙에 따라 무늬를 꾸며 보세요.

보기

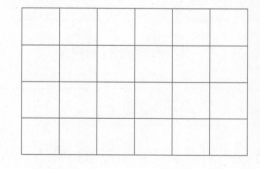

5

# 3 수 배열에서 규칙을 찾아볼까요

● **반복되는 규칙**

[ 3 ]—[ 5 ]—[ 3 ]—[ 5 ]—[ 3 ]—[ 5 ]—[ 3 ]—[ 5 ]

**규칙** 3, 5가 반복됩니다.

● **커지거나 작아지는 규칙**

[ 1 ]—[ 3 ]—[ 5 ]—[ 7 ]—[ 9 ]—[ 11 ]—[ 13 ]—[ 15 ]

**규칙** 1부터 시작하여 2씩 커집니다.

[ 20 ]—[ 19 ]—[ 18 ]—[ 17 ]—[ 16 ]—[ 15 ]—[ 14 ]—[ 13 ]

**규칙** 20부터 시작하여 1씩 작아집니다.

**1** 규칙에 따라 빈칸에 알맞은 수를 써넣으세요.

(1) [ 4 ]—[ 8 ]—[ 4 ]—[ 8 ]—[ 4 ]—[ 8 ]—[　]—[　]

(2) [ 11 ]—[ 12 ]—[ 13 ]—[ 14 ]—[　]—[ 16 ]—[　]—[ 18 ]

(3) [ 50 ]—[ 45 ]—[ 40 ]—[　]—[　]—[ 25 ]—[　]—[ 15 ]

**2** 규칙에 따라 빈칸에 알맞은 수를 써넣고 규칙을 써 보세요.

(1) [ 2 ]—[ 5 ]—[ 7 ]—[ 2 ]—[ 5 ]—[ 7 ]—[　]—[　]

**규칙** 2, [　], [　] 이/가 반복됩니다.

(2) [ 22 ]—[ 24 ]—[ 26 ]—[ 28 ]—[　]—[　]—[　]—[ 36 ]

**규칙** 22부터 시작하여 [　]씩 커집니다.

# 수 배열표에서 규칙을 찾아볼까요

→ 정답과 풀이 41쪽

● **수 배열표에서 규칙 찾기**

| 1 | 2 | 3 | 4 | 5 | 6 | 7 | 8 | 9 | 10 |
|---|---|---|---|---|---|---|---|---|---|
| 11 | 12 | 13 | 14 | 15 | 16 | 17 | 18 | 19 | 20 |
| 21 | 22 | 23 | 24 | 25 | 26 | 27 | 28 | 29 | 30 |
| 31 | 32 | 33 | 34 | 35 | 36 | 37 | 38 | 39 | 40 |
| 41 | 42 | 43 | 44 | 45 | 46 | 47 | 48 | 49 | 50 |
| 51 | 52 | 53 | 54 | 55 | 56 | 57 | 58 | 59 | 60 |
| 61 | 62 | 63 | 64 | 65 | 66 | 67 | 68 | 69 | 70 |
| 71 | 72 | 73 | 74 | 75 | 76 | 77 | 78 | 79 | 80 |
| 81 | 82 | 83 | 84 | 85 | 86 | 87 | 88 | 89 | 90 |
| 91 | 92 | 93 | 94 | 95 | 96 | 97 | 98 | 99 | 100 |

**규칙**

· ☐ 에 있는 수는 51부터 시작하여 → 방향으로 1씩 커집니다.

· ☐ 에 있는 수는 7부터 시작하여 ↓ 방향으로 10씩 커집니다.

· ■ 에 있는 수는 1부터 시작하여 ↘ 방향으로 11씩 커집니다.

**1** 수 배열표의 빈칸에 알맞은 수를 써넣고 물음에 답하세요.

17 다음의 수는 17보다 1만큼 더 큰 수예요.

| 1 | 2 | 3 | 4 | 5 | 6 | 7 | 8 | 9 | 10 |
|---|---|---|---|---|---|---|---|---|---|
| 11 | 12 | 13 | 14 | 15 | 16 | 17 |  | 19 | 20 |
| 21 | 22 | 23 | 24 | 25 | 26 | 27 | 28 | 29 | 30 |
| 31 | 32 | 33 |  | 35 | 36 | 37 | 38 | 39 | 40 |
| 41 | 42 | 43 | 44 | 45 | 46 |  | 48 | 49 | 50 |

(1) ☐ 에 있는 수는 어떤 규칙이 있는지 써 보세요.

**규칙** 21부터 시작하여 → 방향으로 ☐ 씩 커집니다.

(2) ☐ 에 있는 수는 어떤 규칙이 있는지 써 보세요.

**규칙** 6부터 시작하여 ↓ 방향으로 ☐ 씩 커집니다.

# 5 규칙을 여러 가지 방법으로 나타내 볼까요

● **규칙을 모양으로 나타내기**

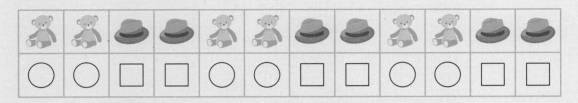

● **규칙을 수로 나타내기**

| 🍅 | 🥕 | 🥕 | 🍅 | 🥕 | 🥕 | 🍅 | 🥕 | 🥕 |
|---|---|---|---|---|---|---|---|---|
| 1 | 2 | 2 | 1 | 2 | 2 | 1 | 2 | 2 |

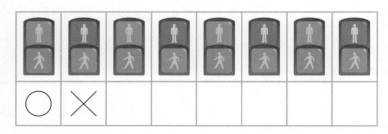

> 반복되는 규칙을 찾아, 규칙을 모양 또는 수로 나타낼 수 있어요.

**1** 규칙에 따라 ○, ✕로 나타내 보세요.

| ○ | ✕ |  |  |  |  |  |  |
|---|---|---|---|---|---|---|---|

**2** 규칙에 따라 빈칸에 알맞은 수를 써넣으세요.

| 1 | 2 | 1 |  |  |  |  |  |  |  |  |  |
|---|---|---|---|---|---|---|---|---|---|---|---|

**3** 규칙에 따라 알맞은 수를 쓴 것입니다. 잘못 쓴 수를 찾아 ○표 하세요.

| 4 | 4 | 2 | 4 | 4 | 2 | 2 | 4 | 2 | 4 | 4 |
|---|---|---|---|---|---|---|---|---|---|---|

**4** 규칙에 따라 빈칸에 알맞은 주사위의 눈을 그리고 수를 써넣으세요.

| 3 | 1 | 4 | 3 | 1 | 4 | | 1 | | | |
|---|---|---|---|---|---|---|---|---|---|---|

**5** 규칙에 따라 두 가지 방법으로 나타내려고 합니다. 빈칸에 알맞은 그림을 그리고 수를 써넣으세요.

| □ | ○ | ○ | □ | □ | | ○ | □ | | ○ | ○ | □ |
|---|---|---|---|---|---|---|---|---|---|---|---|
| 4 | 0 | 0 | 4 | | 0 | | 4 | | | | 4 |

**6** 규칙에 따라 두 가지 방법으로 나타내려고 합니다. 빈칸에 알맞은 글자나 수를 써넣으세요.

| 口 | ⊥ | 口 | | 口 | ⊥ | | ⊥ |
|---|---|---|---|---|---|---|---|
| 8 | 4 | 8 | 4 | | 4 | 8 | |

# 기본기 강화 문제

## ① 설명하는 규칙 찾기

● 설명에 맞게 규칙적으로 배열한 것을 찾아 ○표 하세요.

**1**

> ●, ▲, ●가 반복됩니다.

● ▲ ● ▲ ● ▲　(　　)

● ▲ ● ● ▲ ●　(　　)

**2**

> ★, ★, ▲, ▲가 반복됩니다.

★ ★ ▲ ▲ ★ ★ ▲ ▲　(　　)

★ ▲ ▲ ★ ★ ▲ ▲ ★　(　　)

**3**

> ■, ▲, ▲가 반복됩니다.

■ ▲ ▲ ■ ▲ ▲　(　　)

▲ ▲ ■ ▲ ▲ ■　(　　)

**4**

> ■, ▲, ●가 반복됩니다.

■ ● ▲ ● ■ ● ▲ ●　(　　)

■ ▲ ● ● ■ ▲ ●　(　　)

## ② 규칙 만들어 수를 쓰고, 규칙 말하기

● 규칙을 만들어 빈칸에 알맞은 수를 써넣고 만든 규칙을 써 보세요.

**1**

| 3 | 7 | 3 | 7 | 3 | 7 |

**규칙** 3, 7이 반복됩니다.

💬 수가 반복되는 규칙 또는 일정하게 커지거나 작아지는 규칙을 만들 수 있어요.

**2**

| 2 | 5 | | | | |

**규칙** ....................................

**3**

| 6 | 3 | | | | |

**규칙** ....................................

**4**

| l | 4 | | | | |

**규칙** ....................................

**5**

| 14 | 12 | | | | |

**규칙** ....................................

**③** 규칙에 따라 색칠하기

● 규칙에 따라 색칠해 보세요.

**1**

**2**

**3**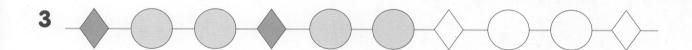

**4**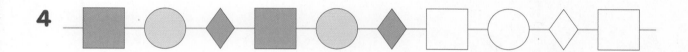

**5**

**6**

**7**

**8**

### ④ 규칙에 따라 그리기

● 규칙에 따라 빈칸에 들어갈 모양을 알맞게 그려 보세요.

**1**

💬●의 수가 1개씩 늘어나요.

**2**

**3**

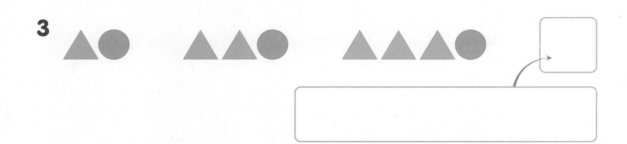

**4**

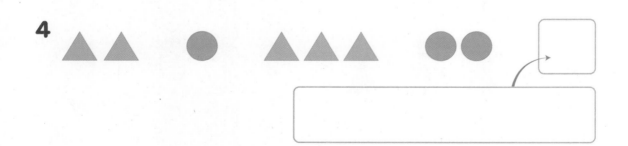

**5**

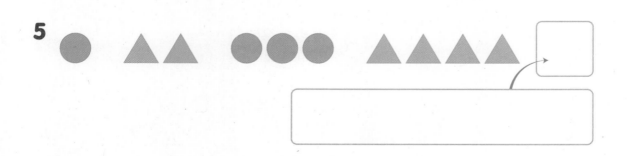

## ⑤ 나만의 규칙 만들기

● **보기** 의 반지로 규칙을 만들어 3개의 보석함에 똑같이 넣어 보세요.

**1**

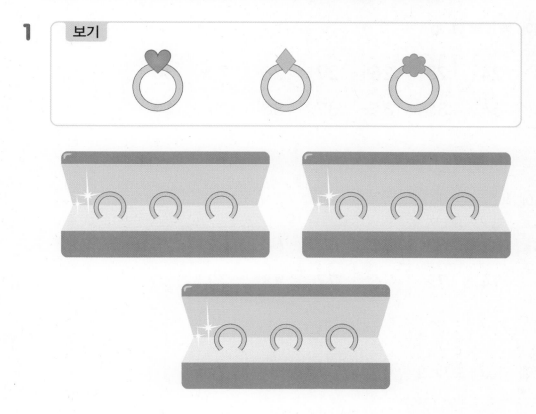

● 여러 가지 모양으로 규칙을 만들어 길을 꾸며 보세요.

**2**

## 6 수 배열표에서 규칙 찾기

● 수 배열표를 보고 물음에 답하세요.

**1** 21부터 2씩 커지는 수에 색칠해 보세요.

| 21 | 22 | 23 | 24 | 25 | 26 | 27 | 28 | 29 | 30 |
|----|----|----|----|----|----|----|----|----|----|
| 31 | 32 | 33 | 34 | 35 | 36 | 37 | 38 | 39 | 40 |

**2** 61부터 3씩 커지는 수에 색칠해 보세요.

| 61 | 62 | 63 | 64 | 65 | 66 | 67 | 68 | 69 | 70 |
|----|----|----|----|----|----|----|----|----|----|
| 71 | 72 | 73 | 74 | 75 | 76 | 77 | 78 | 79 | 80 |

**3** 5부터 10씩 커지는 수에 색칠해 보세요.

| 1 | 2 | 3 | 4 | 5 | 6 | 7 | 8 | 9 | 10 |
|----|----|----|----|----|----|----|----|----|----|
| 11 | 12 | 13 | 14 | 15 | 16 | 17 | 18 | 19 | 20 |
| 21 | 22 | 23 | 24 | 25 | 26 | 27 | 28 | 29 | 30 |
| 31 | 32 | 33 | 34 | 35 | 36 | 37 | 38 | 39 | 40 |

**4** 2부터 11씩 커지는 수에 색칠해 보세요.

| 1 | 2 | 3 | 4 | 5 | 6 | 7 | 8 | 9 | 10 |
|----|----|----|----|----|----|----|----|----|----|
| 11 | 12 | 13 | 14 | 15 | 16 | 17 | 18 | 19 | 20 |
| 21 | 22 | 23 | 24 | 25 | 26 | 27 | 28 | 29 | 30 |
| 31 | 32 | 33 | 34 | 35 | 36 | 37 | 38 | 39 | 40 |
| 41 | 42 | 43 | 44 | 45 | 46 | 47 | 48 | 49 | 50 |

**7** 신발장에 적힌 번호 구하기

STEP ❶
구하려는 것을
찾아요.

**1** 신발장에는 규칙에 따라 번호가 적혀 있습니다. 정우의 **신발장은 몇 번**인지 구해 보세요.

STEP ❷
문제를 간단히
나타내요.

| I | 2 | 3 | 4 | 5 | 6 | 7 | 8 | 9 | 10 |
| 11 | 12 | 13 | 14 | 15 | 16 | 17 | 18 | 19 | 20 |
| 21 | 22 | 23 | 24 | 25 | 26 | 27 | 28 | 29 | 30 |
| 31 | 32 | 33 | 34 | 35 | ● | 37 | 38 | 39 | 40 |

정우의 신발장

➡ ☐에 있는 수의 규칙을 알아봅니다.

**규칙에 따라 ●에 알맞은 수는?**

STEP ❸
문제를 해결해요.

| 31 | 32 | 33 | 34 | 35 | ● | 37 | 38 | 39 | 40 |

31부터 시작하여 → 방향으로 ☐씩 커지는 규칙입니다.

●에 알맞은 수는 35보다 I만큼 더 큰 수인 ☐입니다.

따라서 정우의 신발장은 ☐번입니다.

5

**2** 사물함에는 규칙에 따라 번호가 적혀 있습니다. 사물함의 **빈칸에 알맞은 수**를 써넣으세요.

| 51 | 52 | 53 | 54 | 55 | 56 | | 58 | 59 | 60 |
| | 62 | 63 | 64 | 65 | 66 | 67 | 68 | 69 | 70 |
| 71 | 72 | 73 | 74 | | 76 | 77 | 78 | 79 | 80 |

# 단원 평가 ❶

**1** 규칙에 따라 놓았습니다. 반복되는 부분을 ☐로 묶어 보세요.

**2** 규칙에 따라 빈칸에 알맞은 모양을 찾아 ○표 하세요.

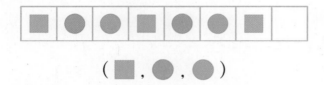

( ■ , ● , ● )

**3** 규칙에 따라 빈칸에 알맞게 색칠해 보세요.

**4** 규칙에 따라 빈칸에 알맞은 수를 써넣으세요.

**5** 규칙에 따라 빈칸에 알맞은 수를 써넣으세요.

| ● | ▨ | ● | ▨ | ● | ▨ |
|---|---|---|---|---|---|
| 0 |   |   | 6 | 0 |   |

**6** 규칙을 만들어 빈칸에 알맞은 수를 써넣으세요.

☐—☐—☐—9—6—3

**7** 규칙을 찾아 ★과 ♥에 알맞은 수를 각각 구해 보세요.

| 41 | 42 | 43 | 44 | 45 |
|----|----|----|----|----|
| 46 | 47 |    |    | 50 |
| 51 |    | ★  |    |    |
|    |    |    |    | ♥  |

★ (          )

♥ (          )

**8** 보기 의 모양을 이용하여 규칙에 따라 무늬를 꾸며 보세요.

보기

**9** 수 배열표에서 규칙을 찾아 쓰려고 합니다. 보기 와 같이 규칙을 찾아 써 보세요.

| 1 | 2 | 3 | 4 | 5 |
|---|---|---|---|---|
| 6 | 7 | 8 | 9 | 10 |
| 11 | 12 | 13 | 14 | 15 |
| 16 | 17 | 18 | 19 | 20 |

보기

→ 방향으로 한 칸 갈 때마다 1씩 커집니다.

↓ 방향으로 ........................

**10** 규칙에 따라 두 가지 방법으로 나타내려고 합니다. 보기 와 같이 규칙을 쓰고 빈칸을 완성해 보세요.

보기

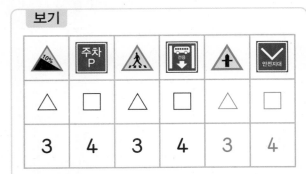

규칙을 모양으로 나타내면 △, □가 반복됩니다.
규칙을 수로 나타내면 3, 4가 반복됩니다.

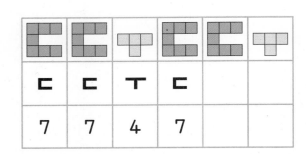

규칙을 모양으로 나타내면 ........................

........................

........................

........................

# 단원 평가 ❷

| 점수 | 확인 |
|------|------|

**1** 규칙에 따라 놓았습니다. 잘못 놓은 곳을 찾아 ○표 하세요.

**2** 규칙을 만들어 컵을 색칠해 보세요.

**3** 규칙에 따라 빈칸에 알맞은 색을 칠해 보세요.

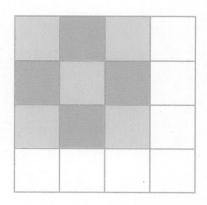

**4** 규칙에 따라 빈칸에 알맞은 수를 써넣으세요.

**5** ◇, ○ 모양으로 규칙을 만들어 구슬 팔찌를 꾸며 보세요.

**6** 수 배열표에서 ●에 알맞은 수를 구해 보세요.

| 33 | 34 | 35 | 36 |  |  |
|----|----|----|----|----|----|
| 40 | 41 |  |  |  |  |
| 47 |  |  |  | ● |  |

(                )

**7** 규칙을 찾아 빈칸을 완성해 보세요.

| 2 | 2 | 5 |  | 2 |  |  | 2 |
|---|---|---|---|---|---|---|---|

**8** 보기 의 규칙과 같은 규칙으로 배열된 것을 찾아 기호를 써 보세요.

> 보기
>
> ♥, ♥, ●가 반복됩니다.

가

나

(              )

**9** 수 배열에서 규칙을 찾아 쓰려고 합니다. 보기 와 같이 규칙을 찾아 써 보세요.

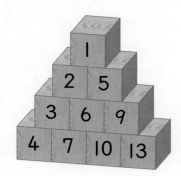

> 보기
>
> **1**부터 시작하여 ╱ 방향으로 **1**씩 커집니다.

☐ 부터 시작하여

...................................................

**10** 빈칸에 알맞은 수들의 합을 구하려고 합니다. 보기 와 같이 풀이 과정을 쓰고 답을 구해 보세요.

> 보기
>
> | 1 | 5 | 1 | 5 | 1 | 5 | | |
> |---|---|---|---|---|---|---|---|
>
> **1**, **5**가 반복되는 규칙입니다.
> 따라서 첫째 빈칸은 **1**, 둘째 빈칸은 **5**이므로 빈칸에 알맞은 수들의 합은 **1**+**5**=**6**입니다.
>
> 답          6

| 9 | 1 | 1 | 9 | 9 | 1 | 1 | 9 |
|---|---|---|---|---|---|---|---|
| 9 | 1 | 1 | | 9 | | 1 | 9 |

..............................................................................

..............................................................................

..............................................................................

..............................................................................

답 ....................................

5

# 6 덧셈과 뺄셈(3)

연서와 친구들이 당근, 강낭콩, 옥수수, 상추를 주어진 수만큼 심으려고 해요.
친구들이 더 심어야 하는 채소의 수만큼 스티커를 붙여 보세요.

스티커 붙이기

아이고~ 힘들어.

옥수수
15개

몇 개나 남은 거야~

상추
15개

# 1 덧셈을 알아볼까요(1)

## 수 모형으로 알아보기

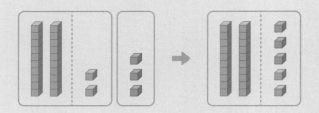

$$22 + 3 = 25$$

> 10개씩 묶음은 십 모형으로, 낱개는 일 모형으로 나타내요.

## (몇십몇)+(몇) 알아보기

| 10개씩 묶음 | 낱개 |
|:---:|:---:|
| 2 | 2 |
| + | 3 |

→

| 10개씩 묶음 | 낱개 |
|:---:|:---:|
| 2 | 2 |
| + | 3 |
| | 5 |

→

| 10개씩 묶음 | 낱개 |
|:---:|:---:|
| 2 | 2 |
| + | 3 |
| 2 | 5 |

낱개끼리 줄을 맞추어 세로로 씁니다.

낱개끼리 더하여 낱개의 자리에 씁니다.

10개씩 묶음의 수를 그대로 내려 씁니다.

---

**1** 검은색 바둑돌이 24개, 흰색 바둑돌이 5개 있습니다. 바둑돌은 모두 몇 개 인지 구해 보세요.

선택 1 이어 세기로 구하기

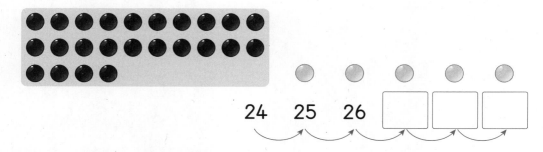

선택 2 흰색 바둑돌의 수만큼 △를 그려 구하기

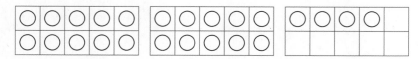

➡ 바둑돌은 모두 ☐ 개입니다.

**2** 구슬은 모두 몇 개인지 ☐ 안에 알맞은 수를 써넣으세요.

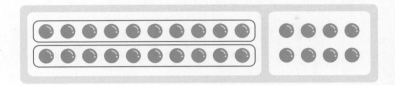

$$20 + \boxed{\phantom{0}} = \boxed{\phantom{00}} \text{(개)}$$

**3** 수 모형을 보고 ☐ 안에 알맞은 수를 써넣으세요.

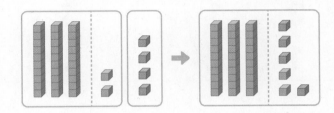

$$32 + 4 = \boxed{\phantom{00}}$$

**4** 덧셈을 해 보세요.

(1)

| 10개씩 묶음 | 낱개 |
|:---:|:---:|
| 6 | 0 |
| + | 5 |
| ☐ | ☐ |

(2)

| 10개씩 묶음 | 낱개 |
|:---:|:---:|
| 5 | 3 |
| + | 4 |
| ☐ | ☐ |

(3)
```
    9
+  3 0
─────────
   ☐
```

(4)
```
    6
+  4 2
─────────
   ☐
```

💬 (몇)＋(몇십몇)도
(몇십몇)＋(몇)과
같은 방법으로 계산해요.

**5** 덧셈을 해 보세요.

(1) $65 + 2 = \boxed{\phantom{00}}$

(2) $8 + 71 = \boxed{\phantom{00}}$

# 2 덧셈을 알아볼까요(2)

## ● 수 모형으로 알아보기

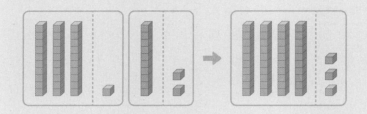

$$31 + 12 = 43$$

> 십 모형은 십 모형끼리,
> 일 모형은 일 모형끼리
> 더해요.

## ● (몇십몇)+(몇십몇) 알아보기

| 10개씩 묶음 | 낱개 |
|:---:|:---:|
| 3 | 1 |
| + 1 | 2 |

→

| 10개씩 묶음 | 낱개 |
|:---:|:---:|
| 3 | 1 |
| + 1 | 2 |
| | 3 |

→

| 10개씩 묶음 | 낱개 |
|:---:|:---:|
| 3 | 1 |
| + 1 | 2 |
| 4 | 3 |

10개씩 묶음끼리, 낱개끼리
줄을 맞추어 세로로 씁니다.

낱개끼리 더하여
낱개의 자리에 씁니다.

10개씩 묶음끼리 더하여
10개씩 묶음의 자리에 씁니다.

---

**1** 수 모형을 보고 □ 안에 알맞은 수를 써넣으세요.

(1)

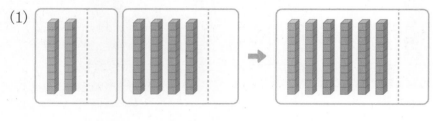

> (몇십)+(몇십)은
> 낱개의 수가 모두 0이므로
> 낱개의 자리에 0을 써요.

$$20 + 40 = \boxed{\phantom{00}}$$

(2)

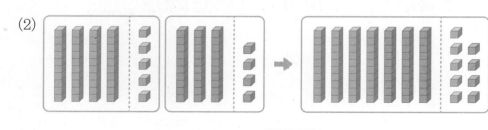

$$45 + 34 = \boxed{\phantom{00}}$$

**2** 구슬은 모두 몇 개인지 □ 안에 알맞은 수를 써넣으세요.

$$30 + \boxed{\phantom{00}} = \boxed{\phantom{00}} \text{(개)}$$

**3** 덧셈을 해 보세요.

(1)
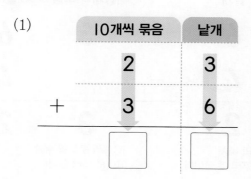

| 10개씩 묶음 | 낱개 |
|:---:|:---:|
| 2 | 3 |
| + 3 | 6 |
| | |

(2)

| 10개씩 묶음 | 낱개 |
|:---:|:---:|
| 5 | 1 |
| + 4 | 3 |
| | |

**4** 덧셈을 해 보세요.

(1)
```
   6 2
 + 1 4
───────
```

(2)
```
   4 8
 + 2 1
───────
```

(3) $37 + 32 = \boxed{\phantom{00}}$

(4) $12 + 75 = \boxed{\phantom{00}}$

**5** 합이 같은 것끼리 이어 보세요.

| 32+14 • | • 36+22 |
|:---:|:---:|
| 45+22 • | • 25+21 |
| 15+43 • | • 34+33 |

# 3 뺄셈을 알아볼까요 (1)

## ● 수 모형으로 알아보기

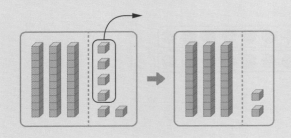

$$36 - 4 = 32$$

## ● (몇십몇) — (몇) 알아보기

| 10개씩 묶음 | 낱개 |
|---|---|
| 3 | 6 |
| − | 4 |

→

| 10개씩 묶음 | 낱개 |
|---|---|
| 3 | 6 |
| − | 4 |
| | 2 |

→

| 10개씩 묶음 | 낱개 |
|---|---|
| 3 | 6 |
| − | 4 |
| 3 | 2 |

낱개끼리 줄을 맞추어
세로로 씁니다.

낱개끼리 빼서
낱개의 자리에 씁니다.

10개씩 묶음의 수를
그대로 내려 씁니다.

---

**1** 빨간색 구슬이 27개, 파란색 구슬이 3개 있습니다. 빨간색 구슬이 파란색
구슬보다 몇 개 더 많은지 구해 보세요.

**선택 1** 비교하여 구하기

빨간색 구슬과 파란색 구슬을 하나씩

짝 지어 보면 빨간색 구슬이 ▢ 개

남습니다.

**선택 2** 파란색 구슬의 수만큼 /을 그려 구하기

◯◯◯◯◯   ◯◯◯◯◯   ◯◯◯◯◯
◯◯◯◯◯   ◯◯◯◯◯   ◯◯

➡ 빨간색 구슬이 파란색 구슬보다 ▢ 개 더 많습니다.

**2** 녹지 않은 아이스크림은 몇 개인지 ☐ 안에 알맞은 수를 써넣으세요.

$$26 - \boxed{\phantom{0}} = \boxed{\phantom{0}} \text{(개)}$$

**3** 수 모형을 보고 ☐ 안에 알맞은 수를 써넣으세요.

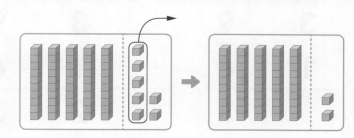

$$57 - 5 = \boxed{\phantom{00}}$$

**4** 뺄셈을 해 보세요.

(1)

| 10개씩 묶음 | 낱개 |
|:---:|:---:|
| 8 | 9 |
| − | 8 |
| ☐ | ☐ |

(2)

| 10개씩 묶음 | 낱개 |
|:---:|:---:|
| 4 | 8 |
| − | 6 |
| ☐ | ☐ |

(3)
$$\begin{array}{r} 7\ 7 \\ -\ \ 2 \\ \hline \boxed{\phantom{00}} \end{array}$$

(4)
$$\begin{array}{r} 9\ 6 \\ -\ \ 3 \\ \hline \boxed{\phantom{00}} \end{array}$$

**5** 뺄셈을 해 보세요.

(1) $39 - 7 = \boxed{\phantom{00}}$

(2) $28 - 5 = \boxed{\phantom{00}}$

# 4 뺄셈을 알아볼까요(2)

## 수 모형으로 알아보기

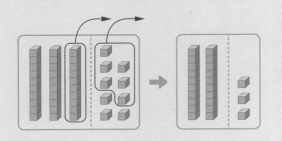

십 모형은 십 모형끼리, 일 모형은 일 모형끼리 빼요.

$$39 - 16 = 23$$

## (몇십몇)—(몇십몇) 알아보기

| 10개씩 묶음 | 낱개 |
|:---:|:---:|
| 3 | 9 |
| − 1 | 6 |

→

| 10개씩 묶음 | 낱개 |
|:---:|:---:|
| 3 | 9 |
| − 1 | 6 |
| | 3 |

→

| 10개씩 묶음 | 낱개 |
|:---:|:---:|
| 3 | 9 |
| − 1 | 6 |
| 2 | 3 |

10개씩 묶음끼리, 낱개끼리 줄을 맞추어 세로로 씁니다.

낱개끼리 빼서 낱개의 자리에 씁니다.

10개씩 묶음끼리 빼서 10개씩 묶음의 자리에 씁니다.

---

**1** 수 모형을 보고 □ 안에 알맞은 수를 써넣으세요.

(1)

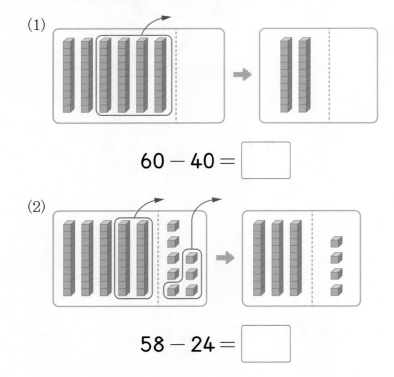

💬 (몇십)—(몇십)은 낱개의 수가 모두 0이므로 낱개의 자리에 0을 써요.

$$60 - 40 = \boxed{\phantom{00}}$$

(2)

$$58 - 24 = \boxed{\phantom{00}}$$

**2** 먹고 남은 바나나는 몇 개인지 ☐ 안에 알맞은 수를 써넣으세요.

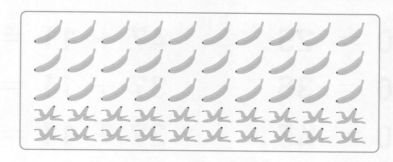

$$50 - \boxed{\phantom{0}} = \boxed{\phantom{0}} \text{(개)}$$

**3** 뺄셈을 해 보세요.

(1)

| 10개씩 묶음 | 낱개 |
| --- | --- |
| 6 | 7 |
| 3 | 0 |

$-$

| ☐ | ☐ |

(2)

| 10개씩 묶음 | 낱개 |
| --- | --- |
| 4 | 6 |
| 2 | 1 |

$-$

| ☐ | ☐ |

**4** 뺄셈을 해 보세요.

(1)
$$\begin{array}{r} 9\ 4 \\ -\ 5\ 3 \\ \hline \boxed{\phantom{00}} \end{array}$$

(2)
$$\begin{array}{r} 7\ 9 \\ -\ 4\ 7 \\ \hline \boxed{\phantom{00}} \end{array}$$

(3) $38 - 23 = \boxed{\phantom{00}}$

(4) $86 - 32 = \boxed{\phantom{00}}$

**5** 차가 같은 것끼리 이어 보세요.

| $85-43$ • | • $69-38$ |
| --- | --- |
| $57-26$ • | • $96-62$ |
| $49-15$ • | • $78-36$ |

6

# 5 덧셈과 뺄셈을 알아볼까요

- **덧셈하기**

$$15 + 10 = 25$$
$$15 + 20 = 35$$
$$15 + 30 = 45$$
$$15 + 40 = 55$$

같은 수에 10씩 커지는 수를 더하면 합도 10씩 커집니다.

$$47 + 11 = 58$$
$$37 + 11 = 48$$
$$27 + 11 = 38$$
$$17 + 11 = 28$$

10씩 작아지는 수에 같은 수를 더하면 합도 10씩 작아집니다.

**1** 덧셈을 해 보세요.

(1) $24 + 12 = \boxed{\phantom{00}}$

$24 + 22 = \boxed{\phantom{00}}$

$24 + 32 = \boxed{\phantom{00}}$

$24 + 42 = \boxed{\phantom{00}}$

(2) $36 + 13 = \boxed{\phantom{00}}$

$35 + 13 = \boxed{\phantom{00}}$

$34 + 13 = \boxed{\phantom{00}}$

$33 + 13 = \boxed{\phantom{00}}$

**2** 덧셈을 해 보세요.

(1) $14 + 42 = \boxed{\phantom{00}}$

$42 + 14 = \boxed{\phantom{00}}$

(2) $32 + 25 = \boxed{\phantom{00}}$

$25 + 32 = \boxed{\phantom{00}}$

💬 덧셈은 두 수를 서로 바꾸어 더해도 합이 같아요.

● **뺄셈하기**

| | | |
|---|---|---|
| 57 − 10 = 47 | | 36 − 12 = 24 |
| 57 − 20 = 37 | | 46 − 12 = 34 |
| 57 − 30 = 27 | | 56 − 12 = 44 |
| 57 − 40 = 17 | | 66 − 12 = 54 |

같은 수에서 10씩 커지는 수를 빼면 차는 10씩 작아집니다.

10씩 커지는 수에서 같은 수를 빼면 차도 10씩 커집니다.

**3** 뺄셈을 해 보세요.

(1) 68 − 13 = ☐

68 − 23 = ☐

68 − 33 = ☐

(2) 58 − 24 = ☐

57 − 24 = ☐

56 − 24 = ☐

**4** 그림을 보고 덧셈식과 뺄셈식으로 나타내 보세요.

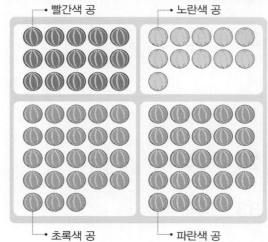

• 빨간색 공   • 노란색 공

• 초록색 공   • 파란색 공

(1) 빨간색 공과 초록색 공은 모두 몇 개인지 덧셈식으로 나타내 보세요.

☐ + ☐ = ☐ (개)

(2) 파란색 공은 노란색 공보다 몇 개 더 많은지 뺄셈식으로 나타내 보세요.

☐ − ☐ = ☐ (개)

# 기본기 강화 문제

## ① 덧셈하기

● 더하는 수만큼 색칠하여 덧셈을 해 보세요.

**1**

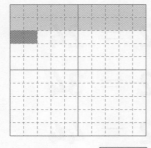

💬 더하는 수 2만큼 색칠해요.

$20 + 2 = \boxed{22}$

**2**

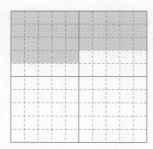

$35 + 4 = \boxed{\phantom{00}}$

**3**

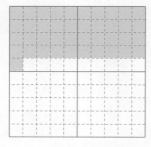

$41 + 5 = \boxed{\phantom{00}}$

**4**

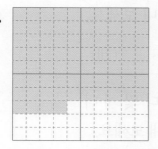

$74 + 3 = \boxed{\phantom{00}}$

## ② 여러 가지 덧셈하기

● 덧셈을 해 보세요.

**1** $12 + 4 = \boxed{16}$

💬 더해지는 수가 10씩 커지고 더하는 수가 같아요.

$22 + 4 = \boxed{26}$

$32 + 4 = \boxed{36}$

**2** $23 + 5 = \boxed{\phantom{00}}$

$43 + 5 = \boxed{\phantom{00}}$

$63 + 5 = \boxed{\phantom{00}}$

**3** $31 + 28 = \boxed{\phantom{00}}$

$31 + 38 = \boxed{\phantom{00}}$

$31 + 48 = \boxed{\phantom{00}}$

**4** $10 + 15 = \boxed{\phantom{00}}$

$20 + 25 = \boxed{\phantom{00}}$

$30 + 35 = \boxed{\phantom{00}}$

**5** $13 + 24 = \boxed{\phantom{00}}$

$23 + 34 = \boxed{\phantom{00}}$

$33 + 44 = \boxed{\phantom{00}}$

## ③ 뺄셈하기

• 빼는 수만큼 ✕를 그려서 뺄셈을 해 보세요.

**1**

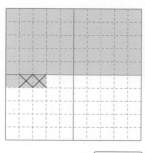

💬 빼는 수 2만큼 ✕를 그려요.

$53 - 2 = \boxed{51}$

**2**

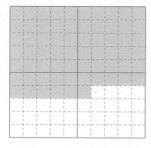

$66 - 4 = \boxed{\phantom{00}}$

**3**

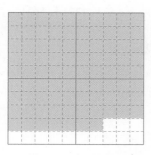

$87 - 3 = \boxed{\phantom{00}}$

**4**

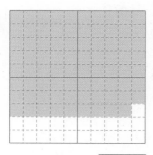

$79 - 6 = \boxed{\phantom{00}}$

## ④ 여러 가지 뺄셈하기

• 뺄셈을 해 보세요.

**1**
$19 - 3 = \boxed{16}$
$29 - 3 = \boxed{26}$
$39 - 3 = \boxed{\phantom{00}}$

💬 빼지는 수가 10씩 커지고 빼는 수가 같아요.

**2**
$16 - 5 = \boxed{\phantom{00}}$
$36 - 5 = \boxed{\phantom{00}}$
$56 - 5 = \boxed{\phantom{00}}$

**3**
$87 - 14 = \boxed{\phantom{00}}$
$87 - 24 = \boxed{\phantom{00}}$
$87 - 34 = \boxed{\phantom{00}}$

**4**
$65 - 51 = \boxed{\phantom{00}}$
$65 - 41 = \boxed{\phantom{00}}$
$65 - 31 = \boxed{\phantom{00}}$

**5**
$38 - 2 = \boxed{\phantom{00}}$
$48 - 12 = \boxed{\phantom{00}}$
$58 - 22 = \boxed{\phantom{00}}$

## ⑤ 덧셈과 뺄셈 이야기 완성하기

● 그림을 보고 이야기를 완성해 보세요.

**1**

고구마를 소미는 12개, 아빠는 25개를 캤어요. 소미와 아빠가 캔 고구마 ☐ 개를 가지고 집에 가서 엄마와 함께 맛있게 먹을 거예요.

**2**

도윤이는 동생과 종이컵 49개로 쌓기 놀이를 하고 있어요.
저런! 동생이 실수로 무너뜨려 15개가 떨어지고 말았어요.

도윤이는 종이컵이 아직 ☐ 개나 남았다며 동생을 위로해 주었어요.

**3**

윤아는 엄마와 꽃구경을 갔어요.
장미는 56송이, 튤립은 43송이 피어 있었지요. 장미가 튤립보다 ☐ 송이 더 많이 피어 있네요.
윤아와 엄마는 꽃향기를 맡고 나비처럼 좋아했어요.

장미    튤립

## 6 □ 안에 알맞은 수 구하기

• □ 안에 알맞은 수를 써넣으세요.

**1**
```
    3  4
 +     [4]
 ─────────
    3  8
```
💬 4에 어떤 수를 더하면 8이 되는지 찾아요.

**2**
```
    2  [ ]
 +  5  3
 ─────────
    7  8
```

**3**
```
    3  1
 + [ ]  0
 ─────────
    5  1
```

**4**
```
    9  6
 −    [ ]
 ─────────
    9  2
```

**5**
```
    8  [ ]
 −  2  6
 ─────────
    6  3
```

**6**
```
   [ ]  7
 −  4  5
 ─────────
    3  2
```

## 7 합과 차에 맞는 두 수 찾기

• 옆, 위, 아래에 있는 두 수의 합이 55인 곳을 모두 찾아 ○표 하세요.

**1**

| 9 | 21 | 34 | 30 |
|---|----|----|----|
| 50 | 5 | 42 | 23 |
| 12 | 45 | 13 | 22 |
| 41 | 13 | 30 | 31 |
| 8 | 32 | 25 | 27 |

💬 낱개끼리의 합이 5, 10개씩 묶음끼리의 합이 5인 두 수를 찾아요.

• 옆, 위, 아래에 있는 두 수의 차가 40인 곳을 모두 찾아 ○표 하세요.

**2**

| 6 | 5 | 18 | 30 |
|---|---|----|----|
| 46 | 13 | 22 | 72 |
| 80 | 40 | 61 | 22 |
| 5 | 35 | 49 | 31 |
| 38 | 85 | 9 | 10 |

## 8 장난감의 수 구하기

• 어느 가게에 있는 장난감의 수입니다. 주어진 장난감은 모두 몇 개인지 구해 보세요.

**1** 🧸 + 🤖 = 82

30   52

**2** 🚗 + ⚽ = ☐

**3** 👧 + ✈️ = ☐

**4** ✈️ + 🧸 = ☐

**5** 🤖 + 👧 = ☐

**6** ⚽ + 🤖 = ☐

● 정답과 풀이 46쪽

## 9 덧셈식 완성하기

● 같은 색 풍선에서 수를 골라 덧셈식을 완성해 보세요.

**1**

풍선: 15 32 20 / 8 5 4 / 28 19 37

$$15 + 4 = 19$$
$$\boxed{\phantom{0}} + \boxed{\phantom{0}} = \boxed{\phantom{0}}$$
$$\boxed{\phantom{0}} + \boxed{\phantom{0}} = \boxed{\phantom{0}}$$

💬 먼저 낱개끼리의 합이 각각 8, 9, 7이 되는 두 수를 찾아요.

**2**

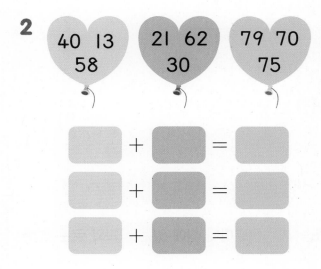

하트 풍선: 40 13 58 / 21 62 30 / 79 70 75

$$\boxed{\phantom{0}} + \boxed{\phantom{0}} = \boxed{\phantom{0}}$$
$$\boxed{\phantom{0}} + \boxed{\phantom{0}} = \boxed{\phantom{0}}$$
$$\boxed{\phantom{0}} + \boxed{\phantom{0}} = \boxed{\phantom{0}}$$

## 10 뺄셈식 완성하기

● 같은 색 액자에서 수를 골라 뺄셈식을 완성해 보세요.

**1**

액자: 68 77 64 / 3 5 2 / 63 75 61

$$\boxed{\phantom{0}} - \boxed{\phantom{0}} = \boxed{\phantom{0}}$$
$$\boxed{\phantom{0}} - \boxed{\phantom{0}} = \boxed{\phantom{0}}$$
$$\boxed{\phantom{0}} - \boxed{\phantom{0}} = \boxed{\phantom{0}}$$

**2**

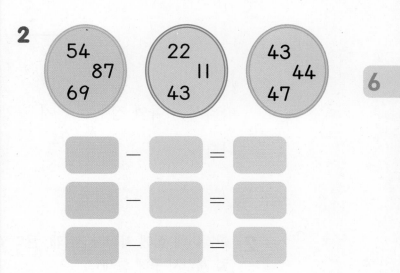

액자: 54 87 69 / 22 11 43 / 43 44 47

$$\boxed{\phantom{0}} - \boxed{\phantom{0}} = \boxed{\phantom{0}}$$
$$\boxed{\phantom{0}} - \boxed{\phantom{0}} = \boxed{\phantom{0}}$$
$$\boxed{\phantom{0}} - \boxed{\phantom{0}} = \boxed{\phantom{0}}$$

## ⑪ 색연필의 수 구하기

**STEP ❶**
구하려는 것을
찾아요.

**1** 색연필을 수아는 35자루, 정우는 21자루 가지고 있습니다. **수아와 정우가 가지고 있는 색연필은 모두 몇 자루**인지 구해 보세요.

**STEP ❷**
문제를 간단히
나타내요.

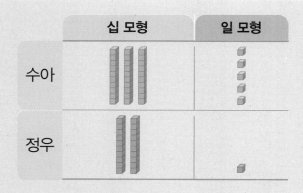

|  | 십 모형 | 일 모형 |
|---|---|---|
| 수아 |  |  |
| 정우 |  |  |

➡ 색연필은 모두 몇 자루인지 덧셈식으로 나타냅니다.

💬 십 모형은 십 모형끼리, 일 모형은 일 모형끼리 더해요.

$$35+21=?$$

**STEP ❸**
문제를 해결해요.

$$
\begin{array}{r}
3\ \ 5 \\
+\ 2\ \ 1 \\
\hline
\square
\end{array}
\quad \Rightarrow \quad
\begin{array}{r}
3\ \ 5 \\
+\ 2\ \ 1 \\
\hline
\square\ \square
\end{array}
$$

따라서 수아와 정우가 가지고 있는 색연필은 모두 $35+21=\boxed{\phantom{00}}$ (자루)입니다.

**2** 한별이네 집에 사과가 30개, 귤이 48개 있습니다. 한별이네 집에 있는 **사과와 귤은 모두 몇** 개인지 구해 보세요.

(            )

↩ 정답과 풀이 **46쪽**

## ⑫ 처음에 가지고 있던 과자의 수 구하기

**STEP ❶**
구하려는 것을
찾아요.

**STEP ❷**
문제를 간단히
나타내요.

**1** 과자를 15개 먹었더니 42개가 남았습니다. **처음에 가지고 있던 과자는 몇 개인지** 구해 보세요.

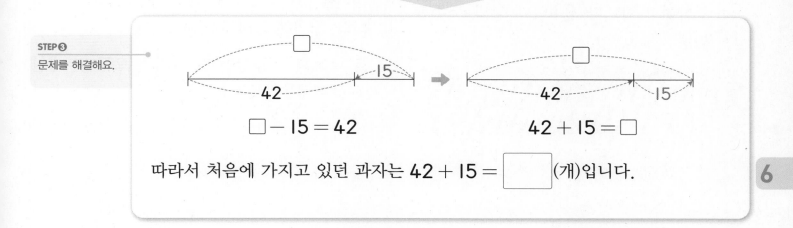

처음에 가지고 있던 과자의 수를 ☐라고 하여 뺄셈식으로 나타냅니다.

☐**−15=42**에서 ☐는?

**STEP ❸**
문제를 해결해요.

☐ − 15 = 42　　　　42 + 15 = ☐

따라서 처음에 가지고 있던 과자는 42 + 15 = ☐ (개)입니다.

**2** 현우가 종이학을 어제 22개 접었고, 오늘 몇 개 더 접었더니 종이학이 모두 55개가 되었습니다. 현우가 **오늘 접은 종이학은 몇 개인지** 구해 보세요.

(　　　　　　　　　　　)

# 단원 평가 ❶

점수 　　확인

**1** 그림을 보고 □ 안에 알맞은 수를 써넣으세요.

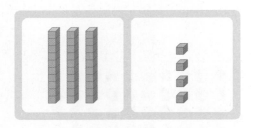

$$30 + 4 = \boxed{\phantom{00}}$$

**2** 연필은 크레파스보다 몇 자루 더 많은지 구하려고 합니다. □ 안에 알맞은 수를 써넣으세요.

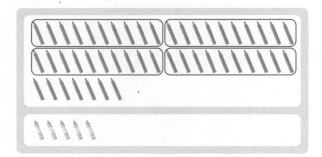

$$47 - \boxed{\phantom{0}} = \boxed{\phantom{0}} \text{(자루)}$$

**3** 계산해 보세요.

(1)
$$\begin{array}{r} 2\,2 \\ +\ 3\,5 \\ \hline \end{array}$$

(2)
$$\begin{array}{r} 6\,9 \\ -\ 5\,4 \\ \hline \end{array}$$

**4** 덧셈을 해 보세요.

$$32 + 16 = \boxed{\phantom{00}}$$

$$33 + 15 = \boxed{\phantom{00}}$$

$$34 + 14 = \boxed{\phantom{00}}$$

$$35 + 13 = \boxed{\phantom{00}}$$

**[5~6]** 소희는 동생과 딸기를 따러 갔습니다. 딸기를 소희는 54개 땄고, 동생은 33개 땄습니다. 물음에 답하세요.

**5** 소희와 동생이 딴 딸기는 모두 몇 개일까요?

(　　　　　　　)

**6** 소희는 동생보다 딸기를 몇 개 더 많이 땄을까요?

(　　　　　　　)

**7** 계산 결과가 더 큰 것에 ○표 하세요.

| 67 − 14 | | 23 + 32 |

**8** 34에서 어떤 수를 뺐더니 13이 되었습니다. 어떤 수는 얼마일까요?

(            )

서술형 문제
**9** 각각의 주머니에서 수를 하나씩 골라 덧셈식을 만들려고 합니다. 보기 와 같이 풀이 과정을 쓰고 답을 구해 보세요.

14 31    25 40

> **보기**
>
> 빨간색 주머니에서 14, 초록색 주머니에서 25를 골라 덧셈식을 만들어 보면 14 + 25 = 39입니다.
>
> 답     14 + 25 = 39

빨간색 주머니에서 _____

_____

_____

답 _____

서술형 문제
**10** 두 수를 골라 차가 30이 되는 뺄셈식을 모두 만들려고 합니다. 보기 와 같이 풀이 과정을 쓰고 답을 구해 보세요.

> **보기**
>
>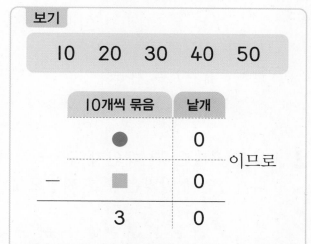
>
> | 10 | 20 | 30 | 40 | 50 |
>
> | 10개씩 묶음 | 낱개 |
> | :---: | :---: |
> | ● | 0 |
> | − ■ | 0 |
> | 3 | 0 |
>
> 이므로
>
> 10개씩 묶음의 수의 차가 3인 두 수는 4 − 1 = 3, 5 − 2 = 3입니다.
> 따라서 뺄셈식은 40 − 10 = 30, 50 − 20 = 30입니다.
>
> 답   40 − 10 = 30, 50 − 20 = 30

| 35 | 45 | 55 | 65 | 75 |

| 10개씩 묶음 | 낱개 |
| :---: | :---: |
| ● | 5 |
| − ■ | 5 |
| 3 | 0 |

이므로

10개씩 묶음의 수의 차가 _____

_____

답 _____

6

# 단원 평가 ❷

점수      확인

**1** 그림을 보고 ☐ 안에 알맞은 수를 써넣으세요.

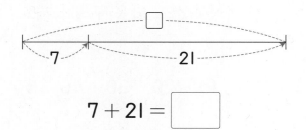

$$7 + 21 = \boxed{\phantom{00}}$$

**2** 남은 사탕은 몇 개인지 구하려고 합니다. ☐ 안에 알맞은 수를 써넣으세요.

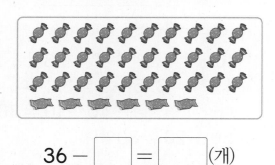

$$36 - \boxed{\phantom{0}} = \boxed{\phantom{0}} \ (\text{개})$$

**3** 알맞은 것끼리 이어 보세요.

| 10+40 | 50−10 | 40−10 |
|:---:|:---:|:---:|
| ・ | ・ | ・ |

| ・ | ・ | ・ |
|:---:|:---:|:---:|
| 40 | 50 | 30 |

**4** 덧셈을 해 보세요.

$$45 + 13 = \boxed{\phantom{00}}$$

$$13 + 45 = \boxed{\phantom{00}}$$

**5** 그림을 보고 빈칸에 알맞은 수를 써넣으세요.

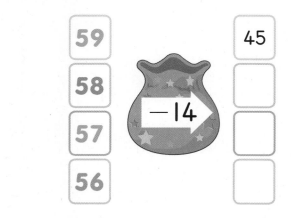

**6** 두 수의 합과 차를 구해 보세요.

| 23      54 |
|:---:|

합 (                  )

차 (                  )

**7** 계산 결과를 비교하여 ◯ 안에 >, =, <를 알맞게 써넣으세요.

(1) $52 + 4$ ◯ $77 - 24$

(2) $17 + 21$ ◯ $80 - 40$

**8** 두 수를 골라 합이 **70**이 되도록 덧셈식을 써 보세요.

| 10 | 20 | 30 | 40 |

$$\boxed{\phantom{00}} + \boxed{\phantom{00}} = 70$$

**9** 덧셈식을 만들어 구슬은 모두 몇 개인지 구하려고 합니다. 보기 와 같이 풀이 과정을 쓰고 답을 구해 보세요.

| 빨간색 구슬 | 노란색 구슬 | 초록색 구슬 |
|---|---|---|
| 14개 | 21개 | 5개 |

보기

빨간색 구슬과 노란색 구슬

빨간색 구슬 수와 노란색 구슬 수로 덧셈식을 만들면 구슬은 모두
14 + 21 = 35(개)입니다.

답      35개

노란색 구슬과 초록색 구슬

노란색 구슬 수와 초록색 구슬 수로

답

**10** 운동장에 남학생 **35**명과 여학생 **28**명이 있었습니다. 그중 남학생 **11**명은 교실로, 여학생 **13**명은 도서관으로 갔습니다. 운동장에 남아 있는 여학생은 몇 명인지 보기 와 같이 풀이 과정을 쓰고 답을 구해 보세요.

보기

운동장에 남아 있는 남학생 수

남학생 **35**명 중 **11**명이 교실로 갔으므로 뺄셈식으로 나타냅니다.
따라서 운동장에 남아 있는 남학생은
35 - 11 = 24(명)입니다.

답      24명

운동장에 남아 있는 여학생 수

여학생 **28**명 중

답

# 사고력이 반짝

● 서아가 집 앞에서 찍은 사진을 보고 서아의 집을 찾아 ○를 하세요.

# 원리 1-2 스티커

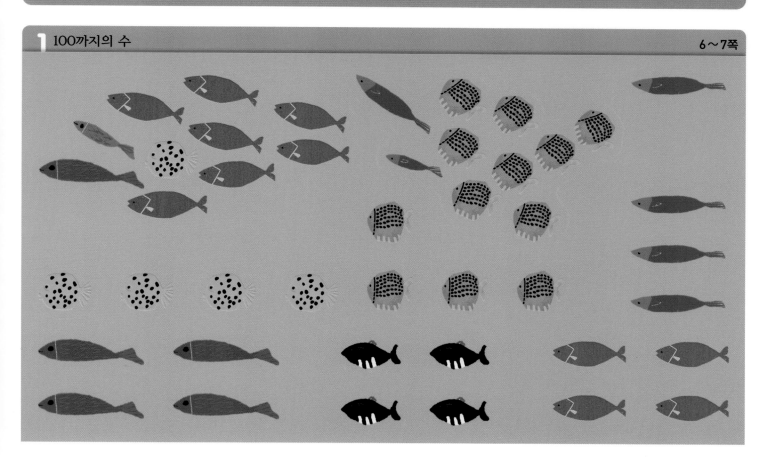

**4** 덧셈과 뺄셈(2)  80~81쪽

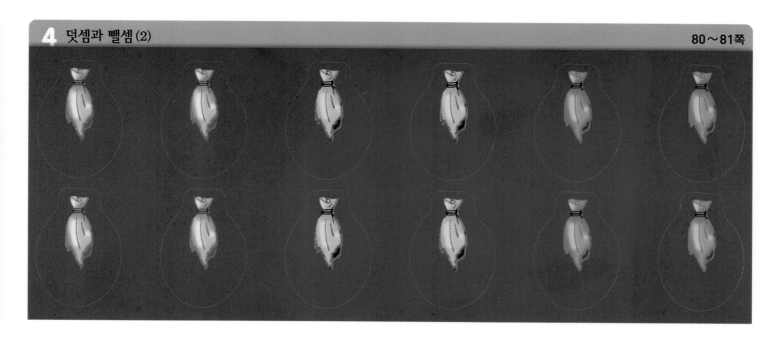

**5** 규칙 찾기  104~105쪽

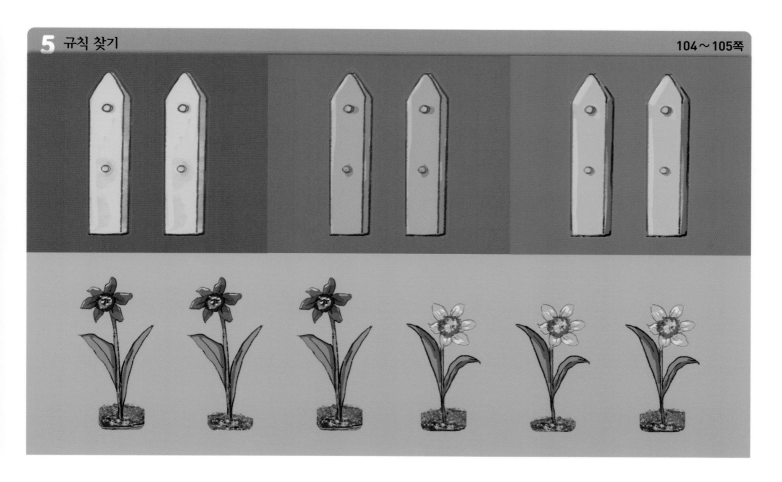

## 6 덧셈과 뺄셈 (3)

124~125쪽

계산이 아닌 ✕

개념을 깨우치는 〇

수학을 품은 연산

# 디딤돌
# 연산은
# 수학이다.

디딤돌

1~6학년(학기용)

## 수학 공부의 새로운 패러다임

# 한걸음 한걸음 디딤돌을 걷다 보면
# 수학이 완성됩니다.

**개념 다지기**
원리, 기본

**문제해결력 강화**
문제유형, 응용

**심화 완성**
최상위 수학S, 최상위 수학

**연산 개념 다지기**
디딤돌 연산

**개념+문제해결력 강화를 동시에**
기본+유형, 기본+응용

**상위권의 힘, 사고력 강화**
최상위 사고력

개념 이해　　　　개념 응용　　　　개념 확장

학습 능력과 목표에 따라
맞춤형이 가능한 디딤돌 초등 수학

# 원리 | 정답과 풀이

수학 좀 한다면

디딤돌

$1\frac{1}{2}$

# 빠른 정답 확인

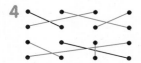

## **1** 100까지의 수

교과서 개념

### **1** 60, 70, 80, 90을 알아볼까요
8쪽~9쪽

**1** (1) 60 (2) 80

**2** (1) 7, 0 / 70 (2) 9, 0 / 90

**3** 70, 칠십, 일흔

**4**

### **2** 99까지의 수를 알아볼까요
10쪽~11쪽

**1** (1) 4 / 64 (2) 7, 5 / 75 (3) 9, 2 / 92

**2** ㉡

**3** 구십삼, 아흔셋

**4** (1) 육십팔에 ○표 (2) 여든다섯에 ○표

### **3** 수의 순서를 알아볼까요
12쪽~13쪽

**1** 79에 ○표

**2** (1) 90 (2) 80

**3**

| 61 | 62 | 63 | 64 | 65 | 66 | 67 | 68 | 69 | 70 |
|----|----|----|----|----|----|----|----|----|----|
| 71 | 72 | 73 | 74 | 75 | 76 | 77 | 78 | 79 | 80 |
| 81 | 82 | 83 | 84 | 85 | 86 | 87 | 88 | 89 | 90 |

(1) 74 (2) 67 (3) 83, 84

**4** 100, 백

**5** 98, 100

**6** (1) 93, 96, 99, 100 (2) 40, 70, 80, 90, 100

### **4** 수의 크기를 비교해 볼까요
14쪽~15쪽

**1** (1) > (2) <

**2** 큽니다에 ○표, > / 작습니다에 ○표, <

**3** (1) < (2) > (3) <

**4** (1) 59에 ○표, 54에 △표
(2) 94에 ○표, 86에 △표

### **5** 짝수와 홀수를 알아볼까요
17쪽

**1** (1) 홀수에 ○표 (2) 짝수에 ○표

**2** (1) 6, 짝수 (2) 9, 홀수

**3** 예

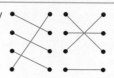

**4** (1) 짝수 (2) 홀수

---

기본기 강화 문제

### ① 몇십 세어 보기
18쪽

70, 80, 60, 90 /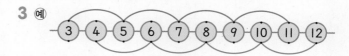

### ② 몇십몇 알기
19쪽

**1** 73      **2** 6, 9 / 69

**3** 8, 2 / 82      **4** 9, 5 / 95

### ③ 몇십몇 읽기
19쪽

**2** 팔십일, 여든하나      **3** 구십오, 아흔다섯

**4** 칠십팔, 일흔여덟      **5** 오십육, 쉰여섯

**6** 구십이, 아흔둘      **7** 팔십칠, 여든일곱

**8** 육십사, 예순넷

## ④ 길 찾기 20쪽

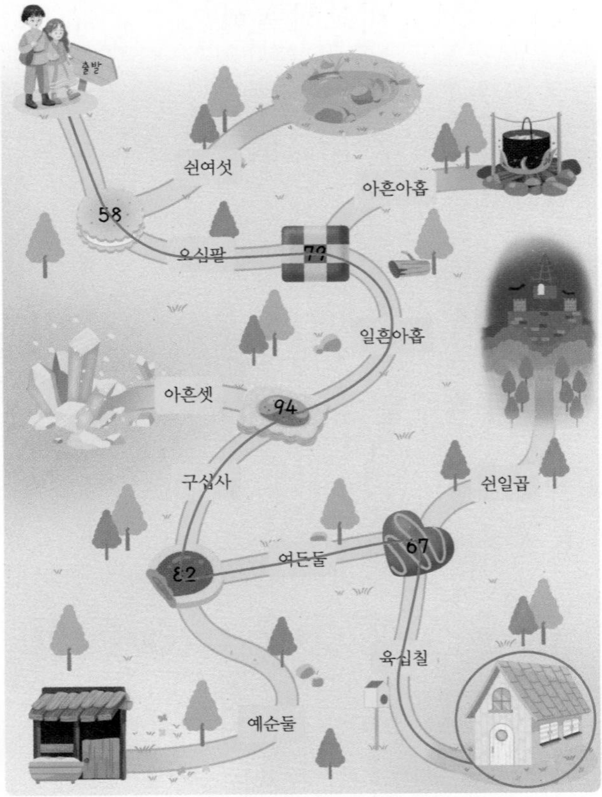


## ⑤ 다른 수 찾기 21쪽

**2** 여든셋에 ○표 **3** 아흔하나에 ○표

**4** 80 바로 뒤의 수에 ○표

**5** 99보다 1만큼 더 큰 수에 ○표

## ⑥ 수 카드로 수 만들기 21쪽

**1** 65, 67, 75, 76

**2** 67, 68, 76, 78, 86, 87

**3** 57, 59, 75, 79, 95, 97

**4** 78, 79, 87, 89, 97, 98

## ⑦ 수를 넣어 이야기하기 22쪽

**2** 예 만두가 아흔두 개 있습니다.

**3** 예 내가 뽑은 번호표는 팔십사 번입니다.

**4** 예 선착순 예순다섯 명에게 사은품을 줍니다.

**5** 예 제 칠십구 회 피아노 연주회가 열립니다.

## ⑧ 1만큼 더 큰 수/작은 수 22쪽

**1** 62, 64 **2** 86, 88

**3** 69, 71 **4** 58, 60

**5** 92, 94

## ⑨ 수의 순서 알기 23쪽

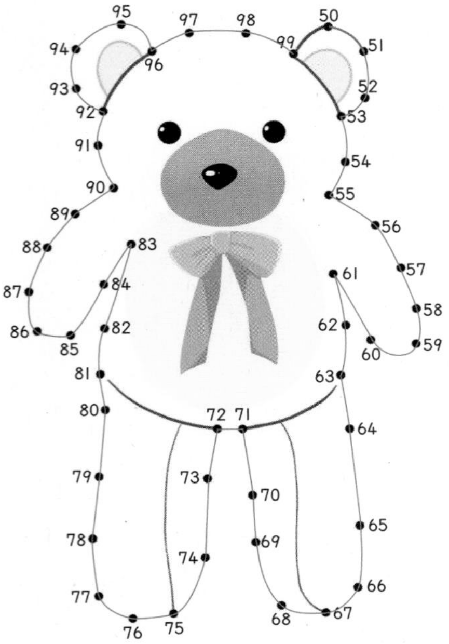

## ⑩ 수의 순서 24쪽

**2** 68, 70 **3** 89, 92

**4** 97, 100 **5** 95, 96

**6** 78, 79 **7** 82, 85

**8** 68, 69

## ⑪ 세 수의 크기 비교 24쪽

**2** 육십(△) 61 67(○)

**3** 72(△) 80(○) 일흔여덟

**4** 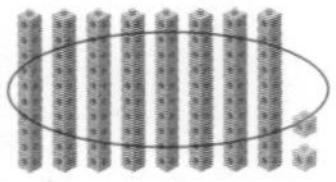 68 62(△)

**5**

> 99보다 1⃝만큼 더 큰 수
>
> 97    ⟨아흔⟩

**6**

> 92보다 1⃝만큼 더 작은 수
>
> ⟨아흔셋⟩

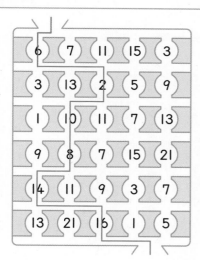

**7**

> 10개씩 묶음 ⟨5⟩개와 낱개 3개
>
> 60보다 1⃝만큼 더 작은 수
>
> 53과 55 사이에 있는 수

## ⑫ 수의 크기 비교    25쪽

**2** 85    **3** 87    **4** 90

**5** 54    **6** 73

## ⑬ 짝수와 홀수    25쪽

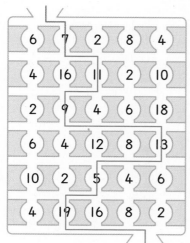

## ⑭ 더 많이 가지고 있는 사람 찾기    26쪽

**1** >, >, 서아    **2** 민지

## ⑮ 꺼낸 책의 수 구하기    27쪽

**1** 65, 66, 3, 3    **2** 5켤레

---

### 단원 평가 ❶    28쪽~29쪽

**1** 7, 70    **2** 예순구, 육십아홉에 ○표

**3** 큽니다에 ○표    **4** 짝수에 ○표

**5** (1) 84    (2) 95

**6**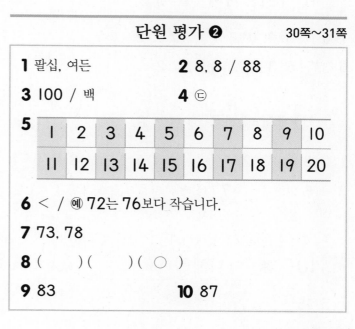

**7** (1) <    (2) >

**8** 예 경품으로 칠십오 인치 텔레비전을 줍니다.

**9** 73자루    **10** 선아

---

### 단원 평가 ❷    30쪽~31쪽

**1** 팔십, 여든    **2** 8, 8 / 88

**3** 100 / 백    **4** ㉢

**5**

| 1 | 2 | 3 | 4 | 5 | 6 | 7 | 8 | 9 | 10 |
|---|---|---|---|---|---|---|---|---|---|
| 11 | 12 | 13 | 14 | 15 | 16 | 17 | 18 | 19 | 20 |

**6** < / 예 72는 76보다 작습니다.

**7** 73, 78

**8** (    )(    )( ○ )

**9** 83    **10** 87

# 2 덧셈과 뺄셈 (1)

교과서 개념

## 1 세 수의 덧셈을 해 볼까요    34쪽~35쪽

1 예 □□□□□ / 8 / (계산 순서대로) 7, 7, 8

2 (1) 예 2, 3, 6   (2) 예 2, 4, 3, 9

3 (계산 순서대로) (1) 5, 7, 7   (2) 5, 6, 6

4 (1) 8 / (계산 순서대로) 5, 5, 8
   (2) 9 / (계산 순서대로) 6, 6, 9

5 ✕  ⋮

## 2 세 수의 뺄셈을 해 볼까요    36쪽~37쪽

1 예 □⊘⊘⊘⊘ / 1 / (계산 순서대로) 5, 5, 1

2 (1) 예 2, 3, 2   (2) 예 1, 3, 4

3 (계산 순서대로) (1) 6, 3, 3   (2) 2, 1, 1

4 (1) 4 / (계산 순서대로) 5, 5, 4
   (2) 2 / (계산 순서대로) 6, 6, 2

5 ✕✕

## 3 10이 되는 더하기를 해 볼까요    38쪽

1 6, 7, 8, 9, 10 / 5    2 (1) 2   (2) 7

3 (1) 7, 5, 3, 1   (2) 8, 6, 4, 2

## 4 10에서 빼기를 해 볼까요    39쪽

1 2, 8 또는 8, 2    2 (1) 4, 6   (2) 10, 7, 3

3 (1) 9   (2) 8   (3) 7   (4) 6   (5) 5   (6) 4   (7) 3   (8) 2
   (9) 1

## 5 10을 만들어 더해 볼까요    40쪽~41쪽

1 5, 15

2 예 ○○○○○ ○○○ / 6, 3, 13

3 (계산 순서대로) (1) 10, 16, 16   (2) 10, 11, 11

4 2, 12    5 (1) 12   (2) 13

---

기본기 강화 문제

## ① 세 수의 덧셈, 뺄셈    42쪽

1 6 / 6

2 7 / (계산 순서대로) 6, 6, 7

3 2 / (계산 순서대로) 4, 4, 2

4 3 / (계산 순서대로) 4, 4, 3

## ② 수직선을 보고 10에서 빼기    42쪽

1 8        2 3, 7        3 4, 6

4 5, 5     5 6, 4

## ③ 10이 되는 두 수 더하기    43쪽

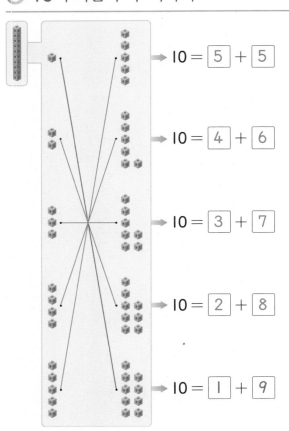

10 = 5 + 5

10 = 4 + 6

10 = 3 + 7

10 = 2 + 8

10 = 1 + 9

### ④ 계산 결과에 맞게 색칠하기　44쪽

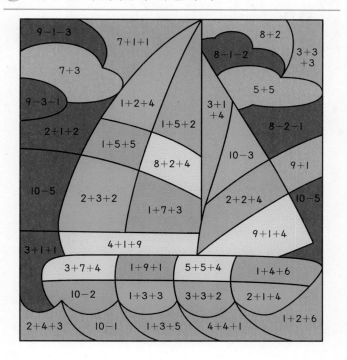

### ⑤ 10이 되는 두 수를 찾아 계산하기　45쪽

**2** $2+\boxed{5+5}=12$　　**3** $7+\boxed{4+6}=17$

**4** $\boxed{1+9}+3=13$　　**5** $5+\boxed{7+3}=15$

**6** $\boxed{6+4}+1=11$　　**7** $4+\boxed{8+2}=14$

**8** $\boxed{3+7}+9=19$

### ⑥ 알맞은 기호 쓰기　45쪽

**2** $+, +$　　　**3** $+, +$　　　**4** $+, +$

**5** $-, -$　　　**6** $-, -$　　　**7** $-, -$

**8** $-, -$

### ⑦ 모양에 알맞은 수를 찾아 계산하기　46쪽

**2** 10　　　**3** 6　　　**4** 2

**5** 7　　　**6** 3　　　**7** 5

**8** 11

### ⑧ 10을 만들어 더하기　46쪽

**2** 예 1, 3, 7, 11　　**3** 예 5, 5, 6, 16

**4** 예 5, 9, 1, 15　　**5** 예 2, 8, 4, 14

### ⑨ 올바른 길 찾아 덧셈하기　47쪽

**2**　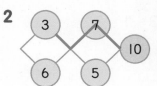　　**3**　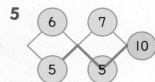

**4**　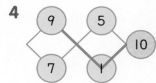　　**5**

### ⑩ 덧셈식, 뺄셈식 완성하기　47쪽

**2** 2, 3 또는 3, 2　　**3** 3, 4 또는 4, 3

**4** 2, 1 또는 1, 2　　**5** 4, 1 또는 1, 4

### ⑪ 남아 있는 수 구하기　48쪽

**1** (계산 순서대로) 5, 3, 3 / 3

**2** 2명　　　　　　**3** 4개

### ⑫ 덧셈식 만들기　49쪽

**1** 예 3, 7 / 예 8, 2

**2** 예 $4+5+5=14$, 예 $4+4+6=14$

## 단원 평가 ❶     50쪽~51쪽

**1** (1) 8, 9    (2) 7, 3     **2** 3, 7

**3** ㉲ 2, 4, 3, 9     **4** 2, 14

**5** (1) 3   (2) [주사위] / 5, 5

**6**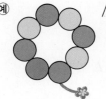

**7** 4개

**8** 7 − 1 − 3 = 3 또는 7 − 3 − 1 = 3

**9** 1, 9 또는 9, 1     **10** 2

## 단원 평가 ❷     52쪽~53쪽

**1** 1, 2, 5 또는 2, 1, 5

**2** ㉲ [구슬 그림] / 4, 3, 1, 8

**3** ㉲ [별 그림] / 4, 4, 6

**4** 10, 13

**5** (1) ⑧ + ② + 4 = 14    (2) 6 + ⑦ + ③ = 16

**6** ✕ [선 연결]

**7**
[표: 2 8 / 1 9 / 5 6 / 5 4 / 7 3 / 5 2 / 5 9 / 4 6]

**8** (1) 3    (2) 7, 3     **9** 7개

**10** 9개

---

# 3 모양과 시각
교과서 개념

## 1 여러 가지 모양을 찾아볼까요     56쪽~57쪽

**1** [□ △ ○]

**2** [선 연결]

**3**

| ■ 모양 |  |  | [피자] |  |
|---|---|---|---|---|
| ▲ 모양 |  |  |  |  |
| ● 모양 |  |  |  | [옷걸이] |

**4**

|  |  |  |  |  |
|---|---|---|---|---|
|  |  |  |  |  |
| [접시] | 50 | [봉투] | 주차금지 | ★ |

## 2 여러 가지 모양을 알아볼까요     58쪽~59쪽

**1** [선 연결]

**2** ( ○ )(　　)(　　)

**3** ( ■ , ▲ , ● )

**4** [선 연결]

**5** (1) ( ■ , ▲ , ◯ )    (2) ( ■ , ▲ , ● )

**6** ㉢

## 3 여러 가지 모양을 꾸며 볼까요  60쪽~61쪽

**1** (1) ( ■ , ▲ , ● )  (2) ( ■ , ▲ , ● )

**2** 예

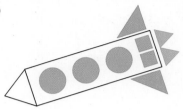

**3** 4개

**4** (1) 3개, 1개, 2개  (2) 8개, 4개, 2개

## 4 몇 시를 알아볼까요  62쪽~63쪽

**1** ( ○ )(    )(    )( ○ )

**2** (1) 11  (2) 5

**3** ⤬ ┇

## 5 몇 시 30분을 알아볼까요  64쪽~65쪽

**1** ( ○ )(    )( ○ )(    )

**2** (1) 3  (2) 8

**3** (1) 4, 30  (2) 10, 30

**4** 7, 30 / 일곱 시 삼십 분

---

### 기본기 강화 문제

#### ① ■, ▲, ● 모양의 물건 찾아보기  66쪽

|  | ■ 모양 | ▲ 모양 | ● 모양 |
|---|---|---|---|
| 9 | ○ |  |  |
| 8 | ○ |  |  |
| 7 | ○ |  |  |
| 6 | ○ |  |  |
| 5 | ○ |  | ○ |
| 4 | ○ | ○ | ○ |
| 3 | ○ | ○ | ○ |
| 2 | ○ | ○ | ○ |
| 1 | ○ | ○ | ○ |

#### ② ■, ▲, ● 모양 찾기  67쪽

**1**

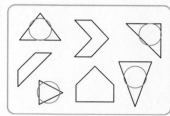

**2**

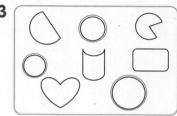

**3**

#### ③ ■, ▲, ● 모양 알아보기  67쪽

| **2** ○ | **3** ○ | **4** × |
|---|---|---|
| **5** ○ | **6** ○ | **7** × |
| **8** ○ |  |  |

#### ④ ■, ▲, ● 모양의 수 구하기  68쪽

7개, 9개, 8개

#### ⑤ 이용하지 않은 모양 찾기  69쪽

**1** ( ■ , ▲ , ◉ )  **2** ( ■ , ▲ , ● )

**3** ( ◉ , ▲ , ● )

## ⑥ 그림 완성하기　　69쪽

**1** 예

**2** 예

**3** 예

## ⑦ ■, ▲, ● 모양 찾아 색칠하기　　70쪽

## ⑧ 짧은바늘과 긴바늘 그리기　　71쪽

**2**

**3**

**4**

**5**

## ⑨ 설명하는 시각 알아보기　　71쪽

**2** 5, 30　　　**3** 12, 30　　　**4** 12

**5** 7, 30　　　**6** 8

## ⑩ 같은 시각 이어 보기　　72쪽

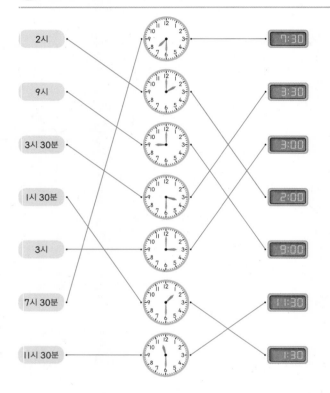

## ⑪ 미로 빠져나가기　　73쪽

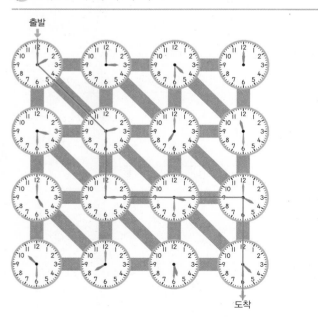

### 단원 평가 ❶    76~77쪽

**1** 나, 사, 아      **2** 2개

**3** (■, ▲, ●)      **4** 5

**5** (선 교차)      **6** (시계 5시)

**7** 3개      **8** 5개

**9** 5시 30분      **10** ■ 모양

### 단원 평가 ❷    78쪽~79쪽

**1** (선 교차)      **2** (■, ▲, ●)

**3** (■, ▲, ●)      **4** ( ○ )( )

**5** (시계)      **6** (그림)

**7** (선 교차)      **8** 7군데

**9** 6      **10** 1개

# 4 덧셈과 뺄셈(2)

교과서 개념

## 1 덧셈을 알아볼까요    83쪽

**1** (1) 9, 10, 11   (2) 11

**2** 12

**3** 예 (○ 그림) / 6, 13

## 2 덧셈을 해 볼까요    84쪽~85쪽

**1** (위에서부터) 1 / 10, 13

**2** (1) (위에서부터) 4 / 10, 2, 12
   (2) (위에서부터) 2 / 10, 5, 15

**3** (위에서부터) 3 / 10, 12

**4** (1) (위에서부터) 2 / 1, 10, 11
   (2) (위에서부터) 4 / 5, 10, 15

## 3 뺄셈을 알아볼까요    87쪽

**1** (1) 예 (● 그림) / 6
   (2) 곰에 ○표, 토끼에 ○표, 6

**2** 5

**3** 16, 9, 7, 7송이

## 4 뺄셈을 해 볼까요    88쪽~89쪽

**1** (위에서부터) 4 / 10, 8

**2** (1) (위에서부터) 2 / 10, 5, 5
   (2) (위에서부터) 3 / 10, 6, 4

**3** (위에서부터) 10 / 10, 3, 8

**4** (1) (위에서부터) 1 / 1, 4, 5
   (2) (위에서부터) 10 / 10, 1, 7

## 5 여러 가지 덧셈을 해 볼까요          90쪽

1 (1) 13, 14, 15, 16   (2) 16, 15, 14, 13
  (3) 15, 15   (4) 11, 8

2 (1) 12, 14   (2) 13, 11   (3) 14, 16   (4) 17, 15

## 6 여러 가지 뺄셈을 해 볼까요          91쪽

1 (1) 9, 8, 7, 6   (2) 5, 6, 7, 8   (3) 7, 7, 7, 7

2 (1) 4, 6   (2) 8, 7   (3) 7, 4   (4) 8, 8

---

### 기본기 강화 문제

#### ① 10을 이용하여 덧셈하기          92쪽

1 (위에서부터) 13, 3     2 (위에서부터) 16, 6 / 16, 6

3 (위에서부터) 11, 1 / 11, 1

#### ② 10을 이용하여 뺄셈하기          92쪽

1 (위에서부터) 4, 2     2 (위에서부터) 8, 2 / 8, 3

3 (위에서부터) 5, 5 / 5, 4

#### ③ 덧셈식, 뺄셈식 완성하기          93쪽

1 예  6 + 8 = 14
      5 + 7 = 12

2 예  12 - 7 = 5
      15 - 7 = 8
      14 - 5 = 9

#### ④ 조건에 맞는 덧셈식 찾기          94쪽

2 9 + 8에 ○표          3 7 + 7에 ○표

4 7 + 9에 ○표          5 5 + 8에 ○표

6 6 + 6에 ○표

#### ⑤ 조건에 맞는 뺄셈식 찾기          94쪽

2 12 - 7에 ○표          3 16 - 7에 ○표

4 12 - 6에 ○표          5 11 - 7에 ○표

6 12 - 5에 ○표

#### ⑥ 보물 찾기          95쪽

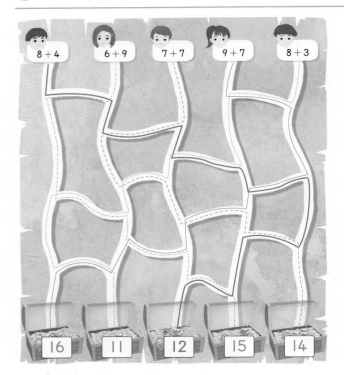

#### ⑦ 합(차)가 작은 식부터 순서대로 잇기          96쪽

1

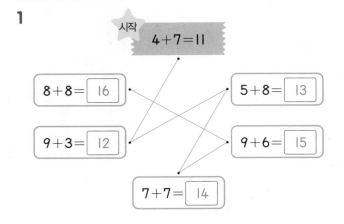

**2**

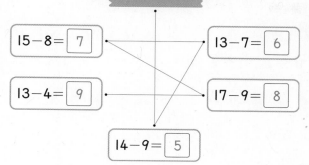

$15-8=\boxed{7}$  $13-7=\boxed{6}$

$13-4=\boxed{9}$  $17-9=\boxed{8}$

$14-9=\boxed{5}$

## ⑧ 이어서 계산하기   97쪽

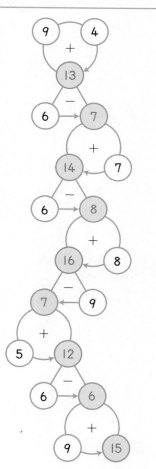

## ⑨ 덧셈식과 뺄셈식으로 나타내기   97쪽

**1**

| $6+7=13$ | 8 |
| 13 | $9+9=18$ |
| 7 | $8+4=12$ |
| $5+9=14$ | 17 |
| 11 | $7+6=13$ |

**2**

| 6 | $11-4=7$ |
| 10 | $13-5=8$ |
| 1 | $12-6=6$ |
| $15-7=8$ | 19 |
| $14-8=6$ | 12 |

## ⑩ 경기를 하고 있는 선수는 몇 명인지 구하기   98쪽

**1** (위에서부터) 4 / 10, 2, 12 / 12

**2** 18명          **3** 14명

## ⑪ 이긴 사람 찾기   99쪽

**1** 소범: (위에서부터) 1 / 10, 4, 6
수연: (위에서부터) 2, 5 / 10, 5, 5
11 − 5에 ○표 / 소범

**2** 상우

---

### 단원 평가 ❶   100쪽~101쪽

**1** (위에서부터) 13, 2          **2** 6 / 7

**3** 12, 13, 14          **4** 14, 6, 8

**5** 13, 6          **6** (1) 9  (2) 8

**7**

| $11-6$ | $11-7$ | $11-8$ | $11-9$ |
| $12-6$ | $12-7$ | $12-8$ | $12-9$ |
| $13-6$ | $13-7$ | $13-8$ | $13-9$ |
| $14-6$ | $14-7$ | $14-8$ | $14-9$ |
| $15-6$ | $15-7$ | $15-8$ | $15-9$ |

**8** 14, 5, 9 / 14, 9, 5

**9** 15          **10** 6권

## 단원 평가 ❷   102쪽~103쪽

**1** (위에서부터) (1) 15 / 1   (2) 15 / 5, 4

**2** 예    /

(위에서부터) 6 / 3, 4

**3** 8, 7, 6

**4** (위에서부터) 14 / 14, 15 / 14, 15, 16

**5** 12, 6, 6   **6**

**7** 7 + 6에 ○표

**8** 예  / 12 / 5, 12

**9** 6장

**10** 6 + 9 = 15 또는 9 + 6 = 15

---

# 5 규칙 찾기
교과서 개념

## 1 규칙을 찾아볼까요   106쪽~107쪽

**1**

**2** (1) ■에 ○표   (2) ■에 ○표

**3** (    )
  ( ○ )

**4** ■

**5** (1)

(2)

**6**    / ♥, ◎

## 2 규칙을 만들어 볼까요   108쪽~109쪽

**1** 예

**2**

**3** 예

**4** (1) 예

(2) 예

**5** 예

**6** 예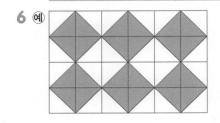

## 3 수 배열에서 규칙을 찾아볼까요 110쪽

1 (1) 4, 8  (2) 15, 17  (3) 35, 30, 20
2 (1) 2, 5 / 5, 7  (2) 30, 32, 34 / 2

## 4 수 배열표에서 규칙을 찾아볼까요 111쪽

1 (위에서부터) 18, 34, 47 /
   (1) 1  (2) 10

## 5 규칙을 여러 가지 방법으로 나타내 볼까요 112쪽~113쪽

| | | | | | | | |
|---|---|---|---|---|---|---|---|
| ○ | × | ○ | × | ○ | × | ○ | × |

2
| 1 | 2 | 1 | 1 | 2 | 1 | 1 | 2 | 1 | 1 | 2 | 1 |

3
| 4 | 4 | 2 | 4 | 4 | 2 | ② | 4 | 2 | 4 | 4 |

4
| 3 | 1 | 4 | 3 | 1 | 4 | 3 | 1 | 4 | 3 | 1 |

5
| □ | ○ | ○ | □ | ○ | ○ | □ | ○ | ○ | □ | ○ | ○ | □ |
| 4 | 0 | 0 | 4 | 0 | 0 | 4 | 0 | 0 | 4 | 0 | 0 | 4 |

6
| □ | ⊥ | □ | ⊥ | □ | ⊥ | □ | ⊥ |
| 8 | 4 | 8 | 4 | 8 | 4 | 8 | 4 |

## ① 설명하는 규칙 찾기 114쪽

1 (   )   2 ( ○ )
  ( ○ )     (   )

3 ( ○ )   4 (   )
  (   )     ( ○ )

## ② 규칙 만들어 수를 쓰고, 규칙 말하기 114쪽

2 예 2, 5, 2, 5 / 2, 5가 반복됩니다.
3 예 9, 6, 3, 9 / 6, 3, 9가 반복됩니다.
4 예 7, 10, 13, 16 / 1부터 시작하여 3씩 커집니다.
5 예 10, 8, 6, 4 / 14부터 시작하여 2씩 작아집니다.

## ③ 규칙에 따라 색칠하기 115쪽

1 ~ 8

## ④ 규칙에 따라 그리기 116쪽

1 ~ 5

## ⑤ 나만의 규칙 만들기　117쪽

**1** (예)

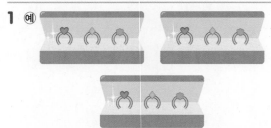

**2** (예)

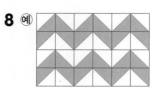

## ⑥ 수 배열표에서 규칙 찾기　118쪽

**1**

| 21 | 22 | 23 | 24 | 25 | 26 | 27 | 28 | 29 | 30 |
|----|----|----|----|----|----|----|----|----|----|
| 31 | 32 | 33 | 34 | 35 | 36 | 37 | 38 | 39 | 40 |

**2**

| 61 | 62 | 63 | 64 | 65 | 66 | 67 | 68 | 69 | 70 |
|----|----|----|----|----|----|----|----|----|----|
| 71 | 72 | 73 | 74 | 75 | 76 | 77 | 78 | 79 | 80 |

**3**

| 1 | 2 | 3 | 4 | 5 | 6 | 7 | 8 | 9 | 10 |
|----|----|----|----|----|----|----|----|----|----|
| 11 | 12 | 13 | 14 | 15 | 16 | 17 | 18 | 19 | 20 |
| 21 | 22 | 23 | 24 | 25 | 26 | 27 | 28 | 29 | 30 |
| 31 | 32 | 33 | 34 | 35 | 36 | 37 | 38 | 39 | 40 |

**4**

| 1 | 2 | 3 | 4 | 5 | 6 | 7 | 8 | 9 | 10 |
|----|----|----|----|----|----|----|----|----|----|
| 11 | 12 | 13 | 14 | 15 | 16 | 17 | 18 | 19 | 20 |
| 21 | 22 | 23 | 24 | 25 | 26 | 27 | 28 | 29 | 30 |
| 31 | 32 | 33 | 34 | 35 | 36 | 37 | 38 | 39 | 40 |
| 41 | 42 | 43 | 44 | 45 | 46 | 47 | 48 | 49 | 50 |

## ⑦ 신발장에 적힌 번호 구하기　119쪽

**1** 1 / 36 / 36　　　　**2** 57, 61, 75

---

## 단원 평가 ❶　120쪽~121쪽

**1**

**2** ●에 ○표

**3**

**4** 26, 30　　　　**5** 6, 0, 6

**6** (예) 18, 15, 12

**7** 53, 60

**8** (예)

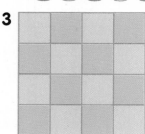

**9** (예) ↓ 방향으로 한 칸 갈 때마다 5씩 커집니다.

**10** (예) 규칙을 모양으로 나타내면 ㄷ, ㄷ, ㅜ가 반복됩니다.
규칙을 수로 나타내면 **7, 7, 4**가 반복됩니다. /
ㄷ, ㅜ / **7, 4**

---

## 단원 평가 ❷　122쪽~123쪽

**1**

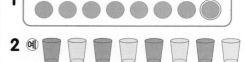

**2** (예)

**3**

**4** 40, 30

**5** (예)

**6** 51　　　　**7** 2, 5, 2

**8** 나

**9** (예) 1부터 시작하여 ↘ 방향으로 4씩 커집니다.

**10** 10

# 6 덧셈과 뺄셈(3)

교과서 개념

## 1 덧셈을 알아볼까요(1)  126쪽~127쪽

1 27, 28, 29 /
例 ⬜⬜⬜⬜⬜ ⬜⬜⬜⬜⬜ ⬜⬜⬜⬜△ / 29

2 8, 28  　　　3 36

4 (1) 6, 5  (2) 5, 7  (3) 39  (4) 48

5 (1) 67  (2) 79

## 2 덧셈을 알아볼까요(2)  128쪽~129쪽

1 (1) 60  (2) 79  　　　2 20, 50

3 (1) 5, 9  (2) 9, 4

4 (1) 76  (2) 69  (3) 69  (4) 87

5 [선 잇기 그림]

## 3 뺄셈을 알아볼까요(1)  130쪽~131쪽

1 24 / 例 ⦿⦿⦿⦿⦿ ⦿⦿⦿⦿⦿ ⦿⦿⦿⦿⊘ / 24

2 5, 21  　　　3 52

4 (1) 8, 1  (2) 4, 2  (3) 75  (4) 93

5 (1) 32  (2) 23

## 4 뺄셈을 알아볼까요(2)  132쪽~133쪽

1 (1) 20  (2) 34  　　　2 20, 30

3 (1) 3, 7  (2) 2, 5

4 (1) 41  (2) 32  (3) 15  (4) 54

5 [선 잇기 그림]

## 5 덧셈과 뺄셈을 알아볼까요  134쪽~135쪽

1 (1) 36, 46, 56, 66  (2) 49, 48, 47, 46

2 (1) 56, 56  (2) 57, 57

3 (1) 55, 45, 35  (2) 34, 33, 32

4 (1) 例 15, 23, 38  (2) 24, 11, 13

---

### 기본기 강화 문제

#### ① 덧셈하기  136쪽

2 例 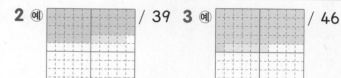 / 39　3 例 / 46

4 例 / 77

#### ② 여러 가지 덧셈하기  136쪽

2 28, 48, 68  　　　3 59, 69, 79

4 25, 45, 65  　　　5 37, 57, 77

#### ③ 뺄셈하기  137쪽

2 例 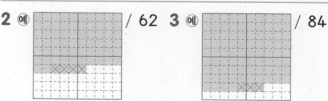 / 62　3 例 / 84

4 例  / 73

## ④ 여러 가지 뺄셈하기     137쪽

**1** 36      **2** 11, 31, 51

**3** 73, 63, 53      **4** 14, 24, 34

**5** 36, 36, 36

## ⑤ 덧셈과 뺄셈 이야기 완성하기     138쪽

**1** 37      **2** 34

**3** 13

## ⑥ □ 안에 알맞은 수 구하기     139쪽

**2** 5      **3** 2

**4** 4      **5** 9

**6** 7

## ⑦ 합과 차에 맞는 두 수 찾기     139쪽

**1**

| | | | |
|---|---|---|---|
| 9 | ㉑ | ㉞ | 30 |
| ㊿ | ⑤ | ㊷ | 23 |
| 12 | 45 | ⑬ | 22 |
| 41 | 13 | ㉚ | 31 |
| 8 | 32 | ㉕ | 27 |

**2**

| | | | |
|---|---|---|---|
| ⑥ | 5 | 18 | 30 |
| ㊻ | 13 | 22 | 72 |
| ㊀ | ㊵ | 61 | 22 |
| 5 | 35 | ㊾ | 31 |
| 38 | 85 | ⑨ | 10 |

## ⑧ 장난감의 수 구하기     140쪽

**2** 17     **3** 66     **4** 53

**5** 95     **6** 64

## ⑨ 덧셈식 완성하기     141쪽

**1** 32, 5, 37 / 20, 8, 28

**2** 40, 30, 70 / 13, 62, 75 / 58, 21, 79

## ⑩ 뺄셈식 완성하기     141쪽

**1** 68, 5, 63 / 77, 2, 75 / 64, 3, 61

**2** 54, 11, 43 / 87, 43, 44 / 69, 22, 47

## ⑪ 색연필의 수 구하기     142쪽

**1** 6, 5, 6 / 56      **2** 78개

## ⑫ 처음에 가지고 있던 과자의 수 구하기     143쪽

**1** 57      **2** 33개

### 단원 평가 ❶     144쪽~145쪽

**1** 34      **2** 5, 42

**3** (1) 57   (2) 15      **4** 48, 48, 48, 48

**5** 87개      **6** 21개

**7** 23＋32에 ○표      **8** 21

**9** ⑩ 31＋40＝71

**10** 65－35＝30, 75－45＝30

### 단원 평가 ❷     146쪽~147쪽

**1** 28      **2** 6, 30

**3**      **4** 58, 58

**5** 44, 43, 42      **6** 77, 31

**7** (1) ＞   (2) ＜      **8** 30, 40 또는 40, 30

**9** 26개      **10** 15명

# 1 100까지의 수

바닷속 상어가 물고기들을 쫓고 있어요. 상어를 피해 도망가는 물고기들은 모두 62마리예요. 물고기들의 수에 맞게 스티커를 붙여 보세요.

스티커 붙이기

## 1 60, 70, 80, 90을 알아볼까요 8쪽~9쪽

**1** (1) 60  (2) 80

**2** (1) 7, 0 / 70  (2) 9, 0 / 90

**3** 70, 칠십, 일흔

**4**
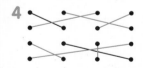

**2** 10개씩 묶음 ■개와 낱개 0개 ➡ ■0

**3** 10개씩 묶음이 7개이므로 70입니다. 70은 칠십 또는 일흔이라고 읽습니다.

**4**

| 수 | 60 | 70 | 80 | 90 |
|---|---|---|---|---|
| 읽기 | 육십, 예순 | 칠십, 일흔 | 팔십, 여든 | 구십, 아흔 |

## 2 99까지의 수를 알아볼까요 10쪽~11쪽

**1** (1) 4 / 64  (2) 7, 5 / 75  (3) 9, 2 / 92

**2** ㉡

**3** 구십삼, 아흔셋

**4** (1) 육십팔에 ○표  (2) 여든다섯에 ○표

**1** 10개씩 묶음 ■개와 낱개 ●개 ➡ ■●
  (1) 10개씩 묶음 6개와 낱개 4개이므로 64입니다.
  (2) 10개씩 묶음 7개와 낱개 5개이므로 75입니다.
  (3) 10개씩 묶음 9개와 낱개 2개이므로 92입니다.

**2** ㉡ 아흔여섯 ➡ 96

**4** (1) 68은 육십팔 또는 예순여덟이라고 읽습니다.
  (2) 85는 팔십오 또는 여든다섯이라고 읽습니다.

## 3 수의 순서를 알아볼까요 　12쪽~13쪽

**1** 79에 ○표

**2** (1) 90　(2) 80

**3**

| 61 | 62 | 63 | 64 | 65 | 66 | 67 | 68 | 69 | 70 |
|----|----|----|----|----|----|----|----|----|----|
| 71 | 72 | 73 | 74 | 75 | 76 | 77 | 78 | 79 | 80 |
| 81 | 82 | 83 | 84 | 85 | 86 | 87 | 88 | 89 | 90 |

(1) 74　(2) 67　(3) 83, 84

**4** 100, 백　　　　　**5** 98, 100

**6** (1) 93, 96, 99, 100　(2) 40, 70, 80, 90, 100

---

**1** 77보다 1만큼 더 큰 수는 78입니다.

**2** 낱개 9개보다 1만큼 더 큰 수는 10입니다.
(1) 89보다 1만큼 더 큰 수는 90입니다.
(2) 79보다 1만큼 더 큰 수는 80입니다.

**3** (3) 82와 85 사이에 있는 수에 82와 85는 들어가지 않습니다.

**4** 99보다 1만큼 더 큰 수는 두 자리 수로 나타낼 수 없으므로 세 자리 수로 나타냅니다.

**5** 1만큼 더 작은 수는 바로 앞의 수, 1만큼 더 큰 수는 바로 뒤의 수입니다.

**6** (1) 1만큼씩 더 큰 수입니다.
(2) 10만큼씩 더 큰 수입니다.

---

## 4 수의 크기를 비교해 볼까요 　14쪽~15쪽

**1** (1) >　(2) <

**2** 큽니다에 ○표, > / 작습니다에 ○표, <

**3** (1) <　(2) >　(3) <

**4** (1) 59에 ○표, 54에 △표
(2) 94에 ○표, 86에 △표

---

**1** (1) 10개씩 묶음의 수가 클수록 큰 수입니다. 10개씩 묶음의 수를 비교하면 8>6이므로 83>65입니다.
(2) 10개씩 묶음의 수가 같으면 낱개의 수가 클수록 큰 수입니다. 낱개의 수를 비교하면 4<9이므로 74<79입니다.

**2** 81이 66보다 크므로 부등호가 81 방향으로 벌어집니다.
➡ 81>66, 66<81

---

**3** (1) 10개씩 묶음의 수가 같으므로 낱개의 수를 비교하면 4<6이므로 84<86입니다.
(2) 10개씩 묶음의 수가 다르므로 10개씩 묶음의 수를 비교하면 6>5이므로 67>57입니다.
(3) 10개씩 묶음의 수가 같으므로 낱개의 수를 비교하면 2<9이므로 92<99입니다.

**4** 수를 수직선에 나타내 보면 수직선에서 수의 위치를 쉽게 알 수 있습니다.
(1) 수직선에 58, 54, 59를 나타내면 왼쪽부터 차례로 54, 58, 59이므로 가장 큰 수는 59, 가장 작은 수는 54입니다.
(2) 수직선에 86, 94, 90을 나타내면 왼쪽부터 차례로 86, 90, 94이므로 가장 큰 수는 94, 가장 작은 수는 86입니다.

---

## 5 짝수와 홀수를 알아볼까요 　17쪽

**1** (1) 홀수에 ○표　(2) 짝수에 ○표

**2** (1) 6, 짝수　(2) 9, 홀수

**3** 예

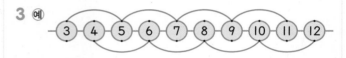

**4** (1) 짝수　(2) 홀수

---

**1** (1) 둘씩 짝을 지을 때 남는 것이 있으므로 5는 홀수입니다.
(2) 둘씩 짝을 지을 때 남는 것이 없으므로 12는 짝수입니다.

**2** (1) 구슬의 수는 6이고 6은 둘씩 짝을 지을 때 남는 것이 없으므로 짝수입니다.
(2) 구슬의 수는 9이고 9는 둘씩 짝을 지을 때 남는 것이 있으므로 홀수입니다.

**3** 홀수는 3, 5, 7, 9, 11이고 짝수는 4, 6, 8, 10, 12입니다. 이웃하지 않은 짝수끼리, 홀수끼리 이었더라도 짝수는 짝수끼리, 홀수는 홀수끼리 이었다면 모두 정답입니다.

**4** 낱개의 수가 2, 4, 6, 8, 0이면 짝수, 1, 3, 5, 7, 9이면 홀수입니다.

# 기본기 강화 문제

## ① 몇십 세어 보기
18쪽

70, 80, 60, 90 /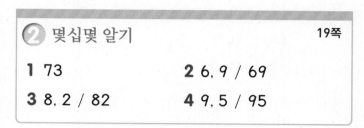

## ② 몇십몇 알기
19쪽

**1** 73

**2** 6, 9 / 69

**3** 8, 2 / 82

**4** 9, 5 / 95

## ③ 몇십몇 읽기
19쪽

**2** 팔십일, 여든하나

**3** 구십오, 아흔다섯

**4** 칠십팔, 일흔여덟

**5** 오십육, 쉰여섯

**6** 구십이, 아흔둘

**7** 팔십칠, 여든일곱

**8** 육십사, 예순넷

## ④ 길 찾기
20쪽

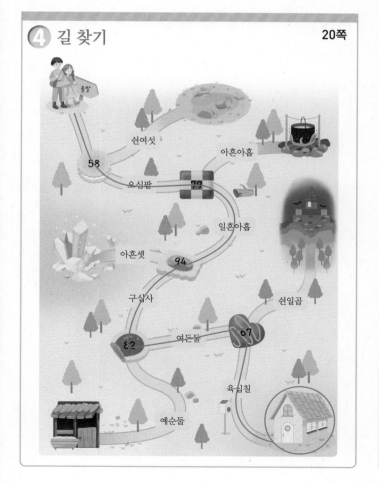

## ⑤ 다른 수 찾기
21쪽

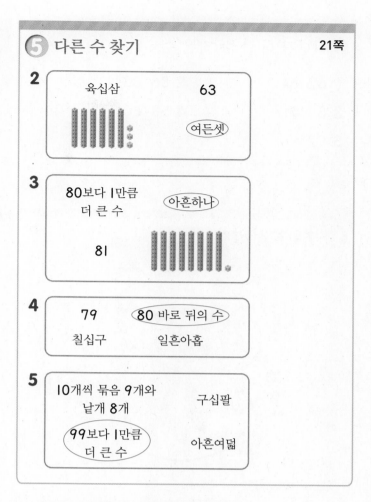

**3** 80보다 1만큼 더 큰 수는 81입니다.

**4** 80 바로 뒤의 수는 80보다 1만큼 더 큰 수인 81입니다.

**5** 99보다 1만큼 더 큰 수는 100입니다.

## ⑥ 수 카드로 수 만들기
21쪽

**1** 65, 67, 75, 76

**2** 67, 68, 76, 78, 86, 87

**3** 57, 59, 75, 79, 95, 97

**4** 78, 79, 87, 89, 97, 98

## ⑦ 수를 넣어 이야기하기
22쪽

**2** 예 만두가 아흔두 개 있습니다.

**3** 예 내가 뽑은 번호표는 팔십사 번입니다.

**4** 예 선착순 예순다섯 명에게 사은품을 줍니다.

**5** 예 제 칠십구 회 피아노 연주회가 열립니다.

## ⑧ 1만큼 더 큰 수/작은 수　22쪽

**1** 62, 64 **2** 86, 88

**3** 69, 71 **4** 58, 60

**5** 92, 94

## ⑨ 수의 순서 알기　23쪽

## ⑩ 수의 순서　24쪽

**2** 68, 70 **3** 89, 92

**4** 97, 100 **5** 95, 96

**6** 78, 79 **7** 82, 85

**8** 68, 69

## ⑪ 세 수의 크기 비교　24쪽

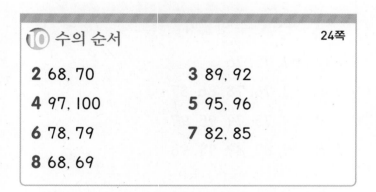

**4**

68　△62

**5**

99보다 1만큼 더 큰 수

97　아흔

**6**

92보다 1만큼 더 작은 수

아흔셋

**7**

10개씩 묶음 5개와 낱개 3개

60보다 1만큼 더 작은 수

53과 55 사이에 있는 수

## ⑫ 수의 크기 비교　25쪽

**2** 85 **3** 87

**4** 90 **5** 54

**6** 73

## ⑬ 짝수와 홀수　25쪽

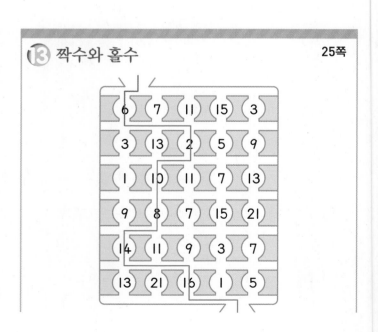

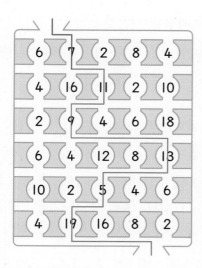

14 더 많이 가지고 있는 사람 찾기　26쪽

**1** >, >, 서아

**2** 민지

**2** 도토리를 유미는 여든세 개, 민지는 94개, 선우는 아흔두 개 주웠습니다. 도토리를 가장 많이 주운 사람은 누구일까요?

➡ 크기를 비교해 봅니다.

**83, 94, 92 중 가장 큰 수는?**

유미: 여든세 개 ➡ 83개, 선우: 아흔두 개 ➡ 92개

|  | 10개씩 묶음 | 낱개 |
|---|---|---|
| 83 | 8 | 3 |
| 94 | 9 | 4 |
| 92 | 9 | 2 |

10개씩 묶음의 수를 비교하면 8<9이므로 83이 가장 작습니다.
94와 92의 10개씩 묶음의 수가 같으므로 낱개의 수를 비교하면 4>2이므로 94>92입니다.
따라서 도토리를 가장 많이 주운 사람은 민지입니다.

15 꺼낸 책의 수 구하기　27쪽

**1** 65, 66, 3, 3

**2** 5켤레

**2** 사물함에 번호가 순서대로 적혀 있습니다. 은호는 78번과 84번 사이에 있는 사물함에 신발을 한 켤레씩 넣었습니다. 은호가 넣은 신발은 모두 몇 켤레인지 구해 보세요.

➡ 78과 84 사이에 있는 수는 78보다 크고 84보다 작은 수입니다.

**78보다 크고 84보다 작은 수는 몇 개?**

78보다 큰 수: $\boxed{79\ \ 80\ \ 81\ \ 82\ \ 83}$ 84 …
84보다 작은 수: $\boxed{83\ \ 82\ \ 81\ \ 80\ \ 79}$ 78 …
78과 84 사이에 있는 수는 79, 80, 81, 82, 83으로 모두 5개입니다.
따라서 은호가 넣은 신발은 모두 5켤레입니다.

## 단원 평가 ❶　28쪽~29쪽

**1** 7, 70

**2** 예순구, 육십아홉에 ○표

**3** 큽니다에 ○표

**4** 짝수에 ○표

**5** (1) 84　(2) 95

**6** △15　○6　△27　○14　△3

**7** (1) <　(2) >

**8** 예 경품으로 칠십오 인치 텔레비전을 줍니다.

**9** 73자루　**10** 선아

**1** 10개씩 묶음 ■개와 낱개 0개 ➡ ■0

**2** 69는 육십구 또는 예순아홉이라고 읽습니다.

**3** 10개씩 묶음의 수가 같으므로 낱개의 수를 비교합니다.

**4** 나뭇잎의 수는 6입니다. 6은 둘씩 짝을 지을 때 남는 것이 없으므로 짝수입니다.

**5** (1) 83보다 1만큼 더 큰 수는 83 바로 뒤의 수입니다.
(2) 96보다 1만큼 더 작은 수는 96 바로 앞의 수입니다.

**6** 낱개의 수가 2, 4, 6, 8, 0이면 짝수, 1, 3, 5, 7, 9이면 홀수입니다.

**7** (1) 10개씩 묶음의 수를 비교하면 5<6이므로 54<69입니다.
(2) 10개씩 묶음의 수가 같으므로 낱개의 수를 비교하면 8>4이므로 78>74입니다.

서술형 문제
**9** ⑩ 10개씩 묶음 7개, 낱개 3개와 같으므로 73입니다. 따라서 볼펜은 73자루입니다.

| 단계 | 문제 해결 과정 |
|---|---|
| ① | 10개씩 묶음과 낱개의 수로 수를 구했나요? |
| ② | 볼펜은 몇 자루인지 구했나요? |

서술형 문제
**10** ⑩ 10개씩 묶음의 수가 같으면 낱개의 수가 클수록 큰 수입니다. 낱개의 수를 비교하면 3<7이므로 83<87입니다.
따라서 동화책을 더 많이 읽은 사람은 선아입니다.

| 단계 | 문제 해결 과정 |
|---|---|
| ① | 두 수의 크기를 바르게 비교했나요? |
| ② | 동화책을 더 많이 읽은 사람은 누구인지 구했나요? |

**4** ⓒ 83 ➡ 팔십삼, 여든셋

**5** 낱개의 수가 1, 3, 5, 7, 9이면 홀수입니다.

**6** 부등호는 큰 쪽으로 벌어집니다.
●<■
➡ ●는 ■보다 작습니다. ■는 ●보다 큽니다.

**7** 70부터 순서대로 수를 써 봅니다.

**8** 분홍색 상자: 6은 짝수, 9와 15는 홀수입니다.
주황색 상자: 10과 14는 짝수, 23은 홀수입니다.
초록색 상자: 22, 8, 16 모두 짝수입니다.

서술형 문제
**9** ⑩ 낱개 13개는 10개씩 묶음 1개와 낱개 3개와 같습니다. 따라서 10개씩 묶음 7개와 낱개 13개는 10개씩 묶음 8개와 낱개 3개와 같으므로 83입니다.

| 단계 | 문제 해결 과정 |
|---|---|
| ① | 낱개 13개는 10개씩 묶음 1개와 낱개 3개와 같다는 것을 알았나요? |
| ② | 설명하는 수는 얼마인지 구했나요? |

서술형 문제
**10** ⑩ 가장 큰 두 자리 수를 만들려면 10개씩 묶음의 수에 가장 큰 수를 놓고 낱개의 수에 둘째로 큰 수를 놓아야 합니다. 7, 5, 8을 큰 수부터 차례로 쓰면 8, 7, 5입니다. 따라서 가장 큰 두 자리 수는 87입니다.

| 단계 | 문제 해결 과정 |
|---|---|
| ① | 가장 큰 두 자리 수를 만드는 방법을 알았나요? |
| ② | 가장 큰 두 자리 수를 구했나요? |

## 단원 평가 ❷   30쪽~31쪽

**1** 팔십, 여든   **2** 8, 8 / 88

**3** 100 / 백   **4** ⓒ

**5**

| 1 | 2 | 3 | 4 | 5 | 6 | 7 | 8 | 9 | 10 |
|---|---|---|---|---|---|---|---|---|---|
| 11 | 12 | 13 | 14 | 15 | 16 | 17 | 18 | 19 | 20 |

**6** < / ⑩ 72는 76보다 작습니다.

**7** 73, 78

**8** ( )( )( ○ )

**9** 83   **10** 87

**2** 10개씩 8줄과 8칸이 색칠되어 있습니다.

**3** 99보다 1만큼 더 큰 수는 100입니다. 100은 백이라고 읽습니다.

## 2 덧셈과 뺄셈 (1)

선우는 엄마와 함께 동물원에 갔어요. 선우는 동물원에서 토끼 4마리, 양 3마리, 타조 2마리를 보았어요. 동물 수에 맞게 스티커를 붙이고, 모두 몇 마리인지 알아보는 덧셈을 해 보세요.

스티커 붙이기 ⑦

이곳에는
토끼 4마리, 양 3마리,
타조 2마리가 사이좋게
살고 있어요.

엄마! 동물들이 모두
4+3+2 = 9 마리가 있어요.

---

### 1 세 수의 덧셈을 해 볼까요          34쪽~35쪽

**1** 예 ⭕⭕⭕⭕⭕ / 8 / (계산 순서대로) 7, 7, 8
⭕⭕⭕

**2** (1) 예 2, 3, 6   (2) 예 2, 4, 3, 9

**3** (계산 순서대로) (1) 5, 7, 7   (2) 5, 6, 6

**4** (1) 8 / (계산 순서대로) 5, 5, 8
  (2) 9 / (계산 순서대로) 6, 6, 9

**5** ✕ ⋮

**2** (1) $1+2+3=6$   (2) $2+4+3=9$
  $1+2\quad=3$     $2+4\quad=6$
  $3+3=6$        $6+3=9$

**3** 세 수의 덧셈은 앞에서부터 순서대로 계산합니다.

**5** $4+2+2=8$      $1+3+3=7$
  $\quad 6$           $\quad 4$
  $\quad\quad 8$        $\quad\quad 7$

---

$6+1+2=9$
$\quad 7$
$\quad\quad 9$

### 2 세 수의 뺄셈을 해 볼까요          36쪽~37쪽

**1** 예 ⭕⊘⊘⊘⊘ / 1 / (계산 순서대로) 5, 5, 1

**2** (1) 예 2, 3, 2   (2) 예 1, 3, 4

**3** (계산 순서대로) (1) 6, 3, 3   (2) 2, 1, 1

**4** (1) 4 / (계산 순서대로) 5, 5, 4
  (2) 2 / (계산 순서대로) 6, 6, 2

**5** ✕

**2** (1) $7-2-3=2$   (2) $8-1-3=4$
  $7-2\quad=5$     $8-1\quad=7$
  $5-3=2$        $7-3=4$

**5** $7-3-2=2$     $6-1-2=3$

**5** $5-3-1=1$

---

### 3 10이 되는 더하기를 해 볼까요    38쪽

**1** 6, 7, 8, 9, 10 / 5

**2** (1) 2   (2) 7

**3** (1) 7, 5, 3, 1   (2) 8, 6, 4, 2

---

### 4 10에서 빼기를 해 볼까요    39쪽

**1** 2, 8 또는 8, 2

**2** (1) 4, 6   (2) 10, 7, 3

**3** (1) 9   (2) 8   (3) 7   (4) 6   (5) 5   (6) 4   (7) 3
    (8) 2   (9) 1

---

### 5 10을 만들어 더해 볼까요    40쪽~41쪽

**1** 5, 15

**2** 예

6, 3, 13

**3** (계산 순서대로) (1) 10, 16, 16   (2) 10, 11, 11

**4** 2, 12

**5** (1) 12   (2) 13

---

**3** 앞의 두 수로 10을 만들어 계산합니다.

**5** (1) $5+5+2=10+2=12$

     (2) $3+1+9=3+10=13$

---

## 기본기 강화 문제

### ① 세 수의 덧셈, 뺄셈    42쪽

**1** 6 / 6

**2** 7 / (계산 순서대로) 6, 6, 7

**3** 2 / (계산 순서대로) 4, 4, 2

**4** 3 / (계산 순서대로) 4, 4, 3

---

### ② 수직선을 보고 10에서 빼기    42쪽

**1** 8      **2** 3, 7      **3** 4, 6

**4** 5, 5      **5** 6, 4

---

### ③ 10이 되는 두 수 더하기    43쪽

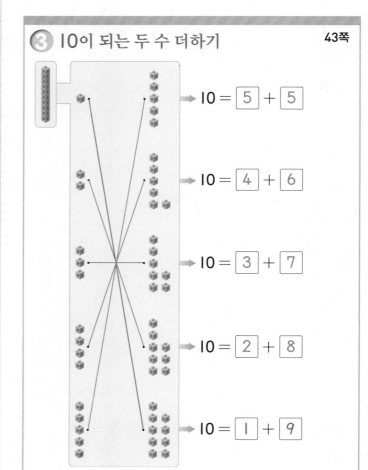

$10 = \boxed{5} + \boxed{5}$

$10 = \boxed{4} + \boxed{6}$

$10 = \boxed{3} + \boxed{7}$

$10 = \boxed{2} + \boxed{8}$

$10 = \boxed{1} + \boxed{9}$

## ④ 계산 결과에 맞게 색칠하기　44쪽

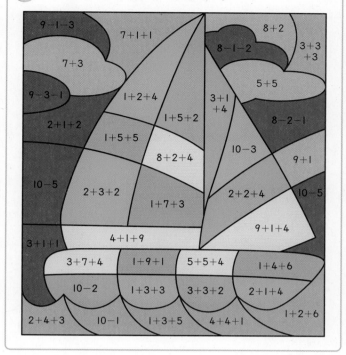

```
9-1-3        7+1+1              8+2
      7+3                  3+3
                     8-1-2      +3
9-3-1       1+2+4         5+5
                    3+1
2+1+2      1+5+2       +4
      1+5+5              8-2-1
             8+2+4   10-3
10-5                        9+1
      2+3+2
             1+7+3   2+2+4  10-5
3+1+1
         4+1+9     9+1+4
    3+7+4  1+9+1  5+5+4  1+4+6
10-2  1+3+3  3+3+2  2+1+4
2+4+3  10-1  1+3+5  4+4+1  1+2+6
```

## ⑤ 10이 되는 두 수를 찾아 계산하기　45쪽

**2** $2 + \widehat{5 + 5} = 12$　　**3** $7 + \widehat{4 + 6} = 17$

**4** $\widehat{1 + 9} + 3 = 13$　　**5** $5 + \widehat{7 + 3} = 15$

**6** $\widehat{6 + 4} + 1 = 11$　　**7** $4 + \widehat{8 + 2} = 14$

**8** $\widehat{3 + 7} + 9 = 19$

## ⑥ 알맞은 기호 쓰기　45쪽

**2** +, +　　**3** +, +　　**4** +, +

**5** −, −　　**6** −, −　　**7** −, −

**8** −, −

## ⑦ 모양에 알맞은 수를 찾아 계산하기　46쪽

**2** 10　　　**3** 6　　　**4** 2

**5** 7　　　**6** 3　　　**7** 5

**8** 11

---

**2** $8 + 2 = 10$

**3** $10 - 4 = 6$

**4** $10 - 8 = 2$

**5** $2 + 4 + 1 = 6 + 1 = 7$

**6** $8 - 4 - 1 = 4 - 1 = 3$

**7** $8 - 1 - 2 = 7 - 2 = 5$

**8** $1 + 4 + 6 = 1 + 10 = 11$

## ⑧ 10을 만들어 더하기　46쪽

**2** 예 1, 3, 7, 11　　**3** 예 5, 5, 6, 16

**4** 예 5, 9, 1, 15　　**5** 예 2, 8, 4, 14

**2** $1 + 3 + 7 = 1 + 10 = 11$

**3** $5 + 5 + 6 = 10 + 6 = 16$

**4** $5 + 9 + 1 = 5 + 10 = 15$

**5** $2 + 8 + 4 = 10 + 4 = 14$

## ⑨ 올바른 길 찾아 덧셈하기　47쪽

**2** 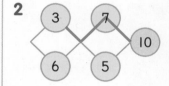　　**3**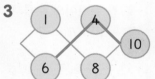

**4** 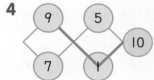　　**5**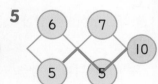

## ⑩ 덧셈식, 뺄셈식 완성하기　47쪽

**2** 2, 3 또는 3, 2　　**3** 3, 4 또는 4, 3

**4** 2, 1 또는 1, 2　　**5** 4, 1 또는 1, 4

**2** 두 장의 수 카드를 합하여 5가 되는 두 수는 2와 3입니다.

**3** 두 장의 수 카드를 합하여 **7**이 되는 두 수는 **3**과 **4**입니다.

**4** **5**에서 **3**을 빼면 **2**가 됩니다. **5**에서 순서대로 뺐을 때 **2**가 나오는 두 장의 수 카드는 **1**과 **2**입니다.

**5** **6**에서 **5**를 빼면 **1**이 됩니다. **6**에서 순서대로 뺐을 때 **1**이 나오는 두 장의 수 카드는 **1**과 **4**입니다.

---

### ⑪ 남아 있는 수 구하기　　48쪽

**1** (계산 순서대로) 5, 3, 3 / 3

**2** 2명　　　　　　　**3** 4개

---

**2** 놀이터에 어린이 **7**명이 놀고 있었습니다. 그중에서 **1**명이 집으로 가고 잠시 후 **4**명이 더 갔습니다. 지금 놀이터에 남아 있는 어린이는 몇 명인지 구해 보세요.

$7 - 1 - 4 = ?$

처음에 놀이터에서 놀고 있던 어린이의 수에서 집으로 간 어린이의 수를 차례로 뺍니다.

$$7 - 1 - 4 = 2$$

따라서 놀이터에 남아 있는 어린이는 **2**명입니다.

---

**3** 윤아 어머니께서 빵을 **9**개 사 오셨습니다. 윤아가 **2**개를 먹고 언니는 윤아보다 **1**개 더 많이 먹었습니다. 윤아와 언니가 먹고 남은 빵은 몇 개인지 구해 보세요.

$9 - 2 - 3 = ?$

윤아의 언니가 먹은 빵은 $2 + 1 = 3$(개)입니다.
처음에 사 온 빵의 수에서 윤아와 언니가 먹은 빵의 수를 차례로 뺍니다.

---

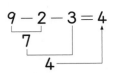

$$9 - 2 - 3 = 4$$

따라서 남은 빵은 **4**개입니다.

---

### ⑫ 덧셈식 만들기　　49쪽

**1** ㉘ 3, 7 / ㉘ 8, 2

**2** ㉘ $4 + 5 + 5 = 14$, ㉘ $4 + 4 + 6 = 14$

---

**2** 상자 안에 빨간색 파프리카 **4**개와 노란색 파프리카 몇 개, 초록색 파프리카 몇 개를 합쳐 모두 **14**개가 들어 있습니다. 노란색 파프리카의 수를 ●, 초록색 파프리카의 수를 ■라고 할 때 ●와 ■에 알맞은 수를 넣어서 빨간색, 노란색, 초록색 파프리카를 합쳐 모두 **14**개가 되는 덧셈식을 **2**개 써 보세요.

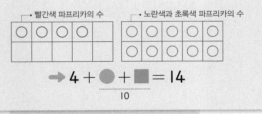

합이 10이 되는 두 수는?

합이 **10**이 되는 두 수 ●와 ■를 알아봅니다.

| ● | 1 | 2 | 3 | 4 | 5 | 6 | 7 | 8 | 9 | |
|---|---|---|---|---|---|---|---|---|---|---|
| ■ | 9 | 8 | 7 | 6 | 5 | 4 | 3 | 2 | 1 | 10 |

따라서 만들 수 있는 덧셈식을 **2**개 쓰면
㉘ $4 + 5 + 5 = 14$, ㉘ $4 + 4 + 6 = 14$입니다.

---

### 단원 평가 ❶　　50쪽~51쪽

**1** (1) 8, 9　(2) 7, 3　　**2** 3, 7

**3** ㉘ 2, 4, 3, 9　　　　**4** 2, 14

**5** (1) 3　(2)  / 5, 5

**6** 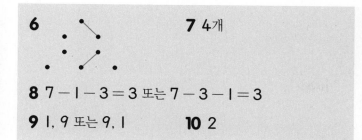　　　　　**7** 4개

**8** $7-1-3=3$ 또는 $7-3-1=3$

**9** 1, 9 또는 9, 1　　　　**10** 2

---

**4** $8+2=10$이므로 □=2입니다.

**6** 빨간색 색종이 3장, 노란색 색종이 4장, 초록색 색종이
1장을 모두 더하는 덧셈식은 $3+4+1$입니다.
➡ $3+4+1=8$

$$\underset{8}{\underset{7}{3+4+1}}=8$$

**7** $10-6=4$이므로 선우는 윤아보다 고리를 4개 더
많이 걸었습니다.

서술형 문제
**8** 예) 가장 큰 수 7에서 7보다 작은 두 수를 차례로 뺍니다.
$7-1-3=6-3=3$
(또는 $7-3-1=4-1=3$)

| 단계 | 문제 해결 과정 |
|---|---|
| ① | 뺄셈식을 만드는 방법을 바르게 썼나요? |
| ② | 바르게 계산했나요? |

**9** 합이 10이 되는 두 수를 골라야 하므로 1과 9를 골라
덧셈식을 완성합니다.

서술형 문제
**10** 예) $3+7=10$이므로 $8+$□$=10$입니다.
8과 더해서 10이 되는 수는 2이므로 □ 안에 알맞은
수는 2입니다.

| 단계 | 문제 해결 과정 |
|---|---|
| ① | $3+7$의 값을 구했나요? |
| ② | □ 안에 알맞은 수를 구했나요? |

---

## 단원 평가 ❷　　52쪽~53쪽

**1** 1, 2, 5 또는 2, 1, 5

**2** 예) 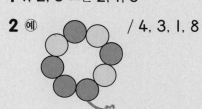　　/ 4, 3, 1, 8

**3** 예)
| ★ | ★ | ★ | ★ | ★ |
|---|---|---|---|---|
| ★ | ★ | ★ | ★ | ★ |
/ 4, 4, 6

---

**4** 10, 13

**5** (1) ⑧＋② ＋ 4 = 14　　(2) 6 ＋ ⑦＋③ = 16

**6**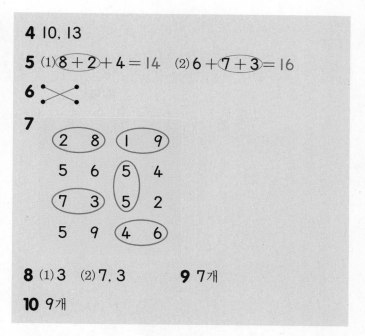

**7**

| ② | ⑧ | ① | ⑨ |
|---|---|---|---|
| 5 | 6 | ⑤ | 4 |
| ⑦ | ③ | ⑤ | 2 |
| 5 | 9 | ④ | ⑥ |

**8** (1) 3　(2) 7, 3　　　　**9** 7개

**10** 9개

---

**2** 세 가지 색으로 팔찌를 색칠하고 색깔별로 세어서 덧셈
식으로 나타냅니다.

**5** 합이 10이 되는 두 수를 먼저 찾습니다.
(1) ⑧＋② ＋ 4 = 10 + 4 = 14
(2) 6 ＋ ⑦＋③ = 6 + 10 = 16

**6** $9-1-4=8-4=4$,
$5-1-1=4-1=3$,
$8-3-2=5-2=3$,
$7-2-1=5-1=4$

**7** 합이 10이 되는 두 수는 (9, 1), (8, 2), (7, 3),
(6, 4), (5, 5), (4, 6), (3, 7), (2, 8), (1, 9)입
니다.

서술형 문제
**9** 예) 마신 딸기 우유의 수를 □로 하여 뺄셈식을 만들면
$10-$□$=3$입니다. $10-7=3$이므로 □=7입
니다.
따라서 마신 딸기 우유는 7개입니다.

| 단계 | 문제 해결 과정 |
|---|---|
| ① | 뺄셈식을 바르게 만들었나요? |
| ② | 마신 딸기 우유는 몇 개인지 구했나요? |

서술형 문제
**10** 예) 축구공, 탁구공, 야구공의 수를 모두 더하면
$2+4+3=6+3=9$입니다.
따라서 상자에 들어 있는 공은 모두 9개입니다.

| 단계 | 문제 해결 과정 |
|---|---|
| ① | 덧셈식을 바르게 만들었나요? |
| ② | 상자에 들어 있는 공은 모두 몇 개인지 구했나요? |

# 3 모양과 시각

소희와 친구들이 소풍을 가서 찍은 사진이에요. 두 사진은 같아 보이지만 서로 다른 부분이 있어요.
두 사진에서 서로 다른 5곳을 찾아 오른쪽 사진에 ○표 하세요.

연필로 찾아보기

## 1 여러 가지 모양을 찾아볼까요    56쪽~57쪽

**1**

**2**

**3**

| ■ 모양 | | | | |
| --- | --- | --- | --- | --- |
| ▲ 모양 | | | | |
| ● 모양 | | | | |

**4**

---

**2** 삼각자는 ▲ 모양, 봉투는 ■ 모양, 단추는 ● 모양입니다.

**3** ■ 모양 ➡ 달력, 사전, ▲ 모양 ➡ 삼각김밥, 표지판,
● 모양 ➡ 돋보기, 타이어

> **참고** 완전한 평면도형이 아니더라도 본뜨기, 찍기 등을 통해
> ■, ▲, ● 모양을 인식할 수 있도록 합니다.

**4** 는 ■ 모양, 는 ▲ 모양, ◯는 ● 모양입니다.

## 2 여러 가지 모양을 알아볼까요    58쪽~59쪽

**1**

**2** ( ○ ) (      ) (      )

**3** ( ■ , ▲ , ● )

**4**

**5** (1) ( ■ , ▲ , ● )   (2) ( ■ , ▲ , ● )

**6** ㉢

**2** 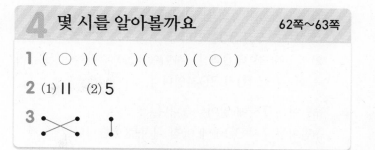 ─ ▲ 모양, (원기둥) ─ ● 모양, (직육면체) ─ ■ 모양

**3** 물감을 묻혀 찍을 때 나오는 모양은 종이에 대고 본떠 그렸을 때 나오는 모양과 같습니다.

**6** ㉢ 둥근 부분이 있는 모양은 ● 모양입니다.

## 3 여러 가지 모양을 꾸며 볼까요 60쪽~61쪽

**1** (1) ( ■ , ▲ , ◉ )  (2) ( ◉ , ▲ , ◎ )

**2** 예

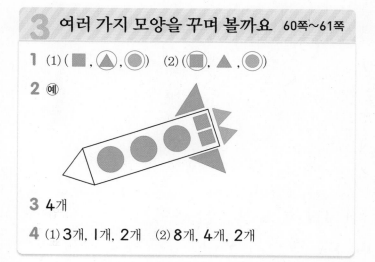

**3** 4개

**4** (1) 3개, 1개, 2개   (2) 8개, 4개, 2개

**1** (1) 귀와 입은 ▲ 모양으로, 얼굴과 눈은 ● 모양으로 꾸몄습니다.
　(2) 나비의 더듬이와 배는 ■ 모양으로, 날개와 머리, 가슴은 ● 모양으로 꾸몄습니다.

**3** ■ 모양 1개, ▲ 모양 4개, ● 모양 1개를 이용하여 꾸몄습니다.

**4** (1)

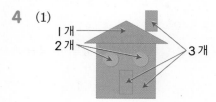

　(2)

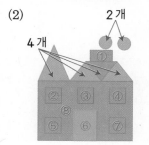

## 4 몇 시를 알아볼까요 62쪽~63쪽

**1** ( ○ ) (　　) (　　) ( ○ )

**2** (1) 11  (2) 5

**3** (선 연결)

**1** 8시는 짧은바늘이 8, 긴바늘이 12를 가리킵니다.
디지털시계에서 8시는 :의 왼쪽은 8, :의 오른쪽은 00을 나타냅니다.

**2** (1) 짧은바늘이 11, 긴바늘이 12를 가리키므로 11시입니다.
　(2) 짧은바늘이 5, 긴바늘이 12를 가리키므로 5시입니다.

> 참고 긴바늘이 12를 가리키면 몇 시입니다. 이때 짧은바늘이 1을 가리키면 1시, 2를 가리키면 2시, ..., 12를 가리키면 12시입니다.

**3** 2시는 짧은바늘이 2, 긴바늘이 12를 가리킵니다.
4시는 짧은바늘이 4, 긴바늘이 12를 가리킵니다.
9시는 짧은바늘이 9, 긴바늘이 12를 가리킵니다.

## 5 몇 시 30분을 알아볼까요 64쪽~65쪽

**1** ( ○ ) (　　) ( ○ ) (　　)

**2** (1) 3  (2) 8

**3** (1) 4, 30  (2) 10, 30

**4** 7, 30 / 일곱 시 삼십 분

**1** 6시 30분은 짧은바늘이 6과 7 사이에 있고 긴바늘이 6을 가리킵니다.
디지털시계에서 6시 30분은 :의 왼쪽은 6, :의 오른쪽은 30을 나타냅니다.

**2** (1) 짧은바늘이 3과 4 사이에 있고 긴바늘이 6을 가리키므로 3시 30분입니다.
　(2) 짧은바늘이 8과 9 사이에 있고 긴바늘이 6을 가리키므로 8시 30분입니다.

**3** (1) 짧은바늘이 4와 5 사이에 있고 긴바늘이 6을 가리키므로 4시 30분입니다.

(2) 짧은바늘이 10과 11 사이에 있고 긴바늘이 6을 가리키므로 10시 30분입니다.

**4** 규민이는 7시에 일어났습니다.

규민이는 7시 30분에 아침 식사를 했습니다.

규민이는 8시 30분에 학교에 갔습니다.

## 기본기 강화 문제

### ① ■, ▲, ● 모양의 물건 찾아보기    66쪽

| | ■ 모양 | ▲ 모양 | ● 모양 |
|---|---|---|---|
| 9 | ○ | | |
| 8 | ○ | | |
| 7 | ○ | | |
| 6 | ○ | | |
| 5 | ○ | | ○ |
| 4 | ○ | ○ | ○ |
| 3 | ○ | ○ | ○ |
| 2 | ○ | ○ | ○ |
| 1 | ○ | ○ | ○ |

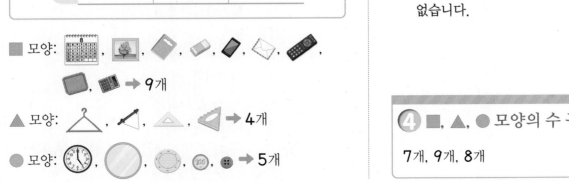

■ 모양:  ,  ,  ,  ,  ,  ,

   ,   ➡ 9개

▲ 모양:  ,  ,  ,   ➡ 4개

● 모양:  ,  ,  ,  ,   ➡ 5개

### ② ■, ▲, ● 모양 찾기    67쪽

**1**

**2**

**3**

### ③ ■, ▲, ● 모양 알아보기    67쪽

**2** ○      **3** ○      **4** ×

**5** ○      **6** ○      **7** ×

**8** ○

**4** ■ 모양 ➡ 5개, ▲ 모양 ➡ 1개, ● 모양 ➡ 4개

가장 많이 이용한 모양은 ■ 모양입니다.

**7** 파란색으로 색칠된 모양은 ■ 모양이고 뾰족한 부분이 4군데입니다.

**8** 초록색으로 색칠된 모양은 ● 모양이고 뾰족한 부분이 없습니다.

### ④ ■, ▲, ● 모양의 수 구하기    68쪽

7개, 9개, 8개

1 ( ■ , ▲ , ⓞ )　　　　2 ( ■ , ⓐ , ● )

3 ( ⊡ , ▲ , ● )

1 예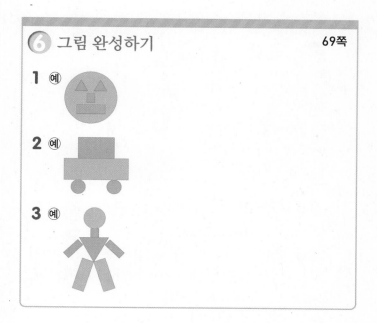

2 예

3 예

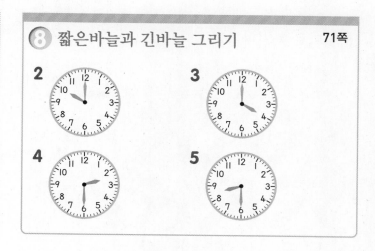

2　　　　3

4　　　　5

2 5, 30　　　　3 12, 30

4 12　　　　5 7, 30

6 8

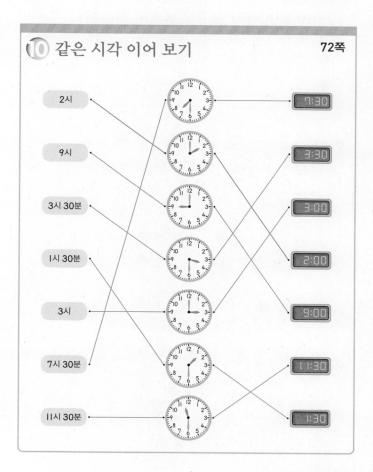

2시

9시

3시 30분

1시 30분

3시

7시 30분

11시 30분

## ⑪ 미로 빠져나가기　73쪽

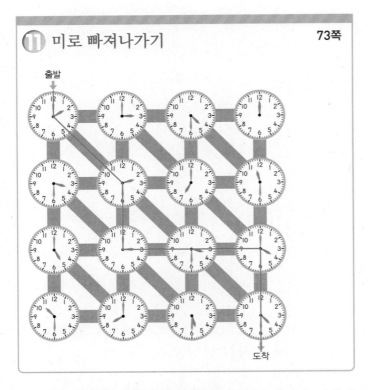

**보기**의 규칙은 5시부터 30분씩 지난 시각을 나타냅니다.

## ⑫ 꾸민 모양에서 뾰족한 부분의 수 구하기　74쪽

**1** ■, ▲ / 3, 3, 7

**2** 4군데

**2** 두 가지 모양으로 기차를 꾸몄습니다. 꾸미는 데 이용한 두 모양에는 뾰족한 부분이 모두 몇 군데일까요?

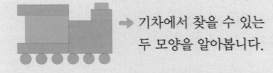 → 기차에서 찾을 수 있는 두 모양을 알아봅니다.

**■와 ● 모양에서 뾰족한 부분은 몇 군데?**

기차 모양은 ■, ▲, ● 모양 중 ■, ● 모양을 이용하여 꾸몄습니다.
■ 모양은 뾰족한 부분이 4군데, ● 모양은 뾰족한 부분이 없으므로 이용한 두 모양에는 뾰족한 부분이 모두 4 + 0 = 4(군데)입니다.

## ⑬ 주어진 시각에 한 일 찾기　75쪽

**1** 6, 12, 30 / 3, 12, 3 / 12, 6 / 영화 보기

**2** 보드게임하기

**2** 주하가 일요일에 한 일입니다. 주하가 **4시 30분**에 한 일은 무엇인지 써 보세요.

간식 먹기　　텔레비전 보기　　보드게임하기

→ 각각의 시계가 나타내는 시각을 읽어 봅니다.

**4시 30분을 나타내는 시계는?**

간식 먹기: 짧은바늘이 3과 4 사이, 긴바늘이 6
　　　　　→ 3시 30분
텔레비전 보기: 짧은바늘이 4, 긴바늘이 12 → 4시
보드게임하기: 짧은바늘이 4와 5 사이, 긴바늘이 6
　　　　　→ 4시 30분
따라서 주하가 4시 30분에 한 일은 보드게임하기입니다.

## 단원 평가 ❶　76쪽~77쪽

**1** 나, 사, 아　　　　**2** 2개

**3** ( ■ , ▲ , ● )　　**4** 5

**5** ✕

**6**

**7** 3개　　　　　　**8** 5개

**9** 5시 30분　　　　**10** ■ 모양

**2** ● 모양의 물건은 다, 마로 모두 2개입니다.

**3** 곧은 선이 있는 모양은 ■ 모양, ▲ 모양입니다.

**4** 짧은바늘이 5, 긴바늘이 12를 가리키므로 5시입니다.

**5** 긴바늘이 12를 가리키면 몇 시, 긴바늘이 6을 가리키면 몇 시 30분입니다.

**6** 점심 식사를 한 시각은 12시 30분입니다.
따라서 짧은바늘은 12와 1 사이에 있고 긴바늘은 6을 가리키도록 그립니다.

**7** 뾰족한 부분이 없는 모양은 ● 모양이므로 ● 모양 과자를 찾으면 모두 3개입니다.

**8**
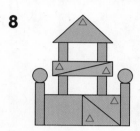

서술형 문제
**9** ㉠ 긴바늘이 6을 가리키면 몇 시 30분입니다. 짧은바늘이 두 숫자 사이에 있을 때는 앞의 숫자가 몇 시 30분에서 몇을 나타내므로 설명하는 시각은 5시 30분입니다.

| 단계 | 문제 해결 과정 |
|---|---|
| ① | 긴바늘이 6을 가리킬 때 몇 시 30분인지 알았나요? |
| ② | 설명하는 시각을 구했나요? |

서술형 문제
**10** ㉠ 로켓 모양은 ■ 모양 5개, ▲ 모양 3개, ● 모양 3개로 꾸몄습니다.
따라서 가장 많이 이용한 모양은 ■ 모양입니다.

| 단계 | 문제 해결 과정 |
|---|---|
| ① | ■, ▲, ● 모양을 각각 몇 개 이용했는지 구했나요? |
| ② | 가장 많이 이용한 모양은 무엇인지 구했나요? |

**3** 주어진 물건들은 뾰족한 부분이 4군데입니다.

**4** 6시는 짧은바늘이 6, 긴바늘이 12를 가리킵니다.

**5** 3시 30분은 짧은바늘은 3과 4 사이에 있고 긴바늘은 6을 가리키도록 그립니다.

**8** ■ 모양은 뾰족한 부분이 4군데, ▲ 모양은 뾰족한 부분이 3군데입니다.
따라서 두 모양에서 찾을 수 있는 뾰족한 부분은 모두 4 + 3 = 7(군데)입니다.

서술형 문제
**9** ㉠ 디지털시계가 나타내는 시각은 3시 30분입니다.
3시 30분일 때 긴바늘이 가리키는 숫자는 6입니다.

| 단계 | 문제 해결 과정 |
|---|---|
| ① | 디지털시계가 나타내는 시각을 구했나요? |
| ② | 긴바늘이 가리키는 숫자를 구했나요? |

서술형 문제
**10** ㉠ 이용한 ■ 모양은 5개, ▲ 모양은 4개입니다.
따라서 ■ 모양은 ▲ 모양보다 1개 더 많습니다.

| 단계 | 문제 해결 과정 |
|---|---|
| ① | 이용한 ■ 모양과 ▲ 모양은 각각 몇 개인지 구했나요? |
| ② | 이용한 ■ 모양은 ▲ 모양보다 몇 개 더 많은지 구했나요? |

## 단원 평가 ❷   78쪽~79쪽

**1** ╳

**2** ( ■, ▲, ◉ )

**3** ( ▣, ▲, ● )

**4** ( ○ )(　)

**5**

**6**

**7** ╳

**8** 7군데

**9** 6

**10** 1개

# 4 덧셈과 뺄셈(2)

놀이동산에서 아빠가 풍선 터트리기를 하여 5개의 풍선을 터트렸어요.
터트린 풍선의 수만큼 스티커를 붙이고 남은 풍선의 수를 알아보는 뺄셈을 해 보세요.

스티커 붙이기

1등 터트린 풍선 8개
2등 터트린 풍선 7개
3등 터트린 풍선 6개

아빠가 5개의 풍선을 터트려서
$12 - 5 = \boxed{7}$ 개가 남았어요.

---

## 1 덧셈을 알아볼까요    83쪽

**1** (1) 9, 10, 11   (2) 11

**2** 12

**3** 예

| ○ | ○ | ○ | ○ | ○ | △ | △ | △ |   |   |
|---|---|---|---|---|---|---|---|---|---|
| ○ | ○ | △ | △ | △ |   |   |   |   |   |

/ 6, 13

**1** (1) 6에서부터 이어 세면 7, 8, 9, 10, 11이므로 모두 11개입니다.

  (2) 오렌지 주스가 6개, 포도 주스가 5개이므로 주스는 모두 11개입니다.
  ➡ 6 + 5 = 11

**2** 바둑돌, 십 배열판, 수 구슬 중 하나를 선택하여 우유갑이 모두 몇 개인지 알아봅니다.
  ➡ 9 + 3 = 12

**3** ○ 7개를 그린 다음, △ 6개를 더 그리면 모두 13입니다.
  ➡ 7 + 6 = 13

## 2 덧셈을 해 볼까요    84쪽~85쪽

**1** (위에서부터) 1 / 10, 13

**2** (1) (위에서부터) 4 / 10, 2, 12
  (2) (위에서부터) 2 / 10, 5, 15

**3** (위에서부터) 3 / 10, 12

**4** (1) (위에서부터) 2 / 1, 10, 11
  (2) (위에서부터) 4 / 5, 10, 15

**1** 9 + 4에서 4를 1과 3으로 가르기한 다음 9와 1을 더해서 10을 만들고 남은 3을 더합니다.

**2** 앞의 수와 더해서 10이 되도록 뒤의 수를 가르기합니다.
  (1) 6과 4를 더해 10이 되므로 뒤의 수 6을 4와 2로 가르기합니다.
  (2) 8과 2를 더해 10이 되므로 뒤의 수 7을 2와 5로 가르기합니다.

**3** 5 + 7에서 5를 2와 3으로 가르기한 다음 7과 3을 더해서 10을 만들고 남은 2를 더합니다.

**4** 뒤의 수와 더해서 10이 되도록 앞의 수를 가르기합니다.

(1) 8과 2를 더해 10이 되므로 앞의 수 3을 1과 2로 가르기합니다.

(2) 6과 4를 더해 10이 되므로 앞의 수 9를 5와 4로 가르기합니다.

---

## 3 뺄셈을 알아볼까요 　　87쪽

**1** (1) (예) ●●●●●●●●●●●●● / 6
　　　○○○○○○○

(2) 🐻에 ○표, 🐰에 ○표, 6

**2** 5

**3** 16, 9, 7, 7송이

**1** (1) 바둑돌을 하나씩 짝 지으면 검은색 바둑돌이 6개 남습니다.
　　➡ 13 − 7 = 6

(2) 곰 인형이 토끼 인형보다 6개 더 많습니다.

**2** 거꾸로 세기, 연결 모형, 수 구슬 중 하나를 선택하여 남는 통이 몇 개인지 알아봅니다.

---

## 4 뺄셈을 해 볼까요 　　88쪽~89쪽

**1** (위에서부터) 4 / 10, 8

**2** (1) (위에서부터) 2 / 10, 5, 5
(2) (위에서부터) 3 / 10, 6, 4

**3** (위에서부터) 10 / 10, 3, 8

**4** (1) (위에서부터) 1 / 1, 4, 5
(2) (위에서부터) 10 / 10, 1, 7

**1** 14 − 6에서 6을 4와 2로 가르기한 다음 14에서 4를 빼서 10을 만들고 남은 2를 뺍니다.

**2** 빼서 10이 되도록 뒤의 수를 가르기합니다.

(1) 12에서 2를 빼면 10이 되므로 7을 2와 5로 가르기합니다.

(2) 13에서 3을 빼면 10이 되므로 9를 3과 6으로 가르기합니다.

**3** 15 − 7에서 15를 10과 5로 가르기한 다음 10에서 7을 빼고 남은 3과 5를 더합니다.

---

**4** 10에서 뒤의 수를 한 번에 빼도록 앞의 수를 10과 몇으로 가르기합니다.

(1) 11을 10과 1로 가르기한 다음 10에서 6을 빼고 남은 4와 1을 더합니다.

(2) 16을 10과 6으로 가르기한 다음 10에서 9를 빼고 남은 1과 6을 더합니다.

---

## 5 여러 가지 덧셈을 해 볼까요 　　90쪽

**1** (1) 13, 14, 15, 16　　(2) 16, 15, 14, 13
(3) 15, 15　　(4) 11, 8

**2** (1) 12, 14　　(2) 13, 11
(3) 14, 16　　(4) 17, 15

**1** (1) 같은 수에 1씩 커지는 수를 더하면 합도 1씩 커집니다.

(2) 1씩 작아지는 수에 같은 수를 더하면 합도 1씩 작아집니다.

(3), (4) 두 수를 서로 바꾸어 더해도 합은 같습니다.

**2** (1), (3) (몇) + (몇)에서 한 수가 ●만큼 커지면 합도 ●만큼 커집니다.

(2), (4) (몇) + (몇)에서 한 수가 ●만큼 작아지면 합도 ●만큼 작아집니다.

---

## 6 여러 가지 뺄셈을 해 볼까요 　　91쪽

**1** (1) 9, 8, 7, 6　　(2) 5, 6, 7, 8
(3) 7, 7, 7, 7

**2** (1) 4, 6　(2) 8, 7　(3) 7, 4　(4) 8, 8

**1** (1) 같은 수에서 1씩 커지는 수를 빼면 차는 1씩 작아집니다.

(2) 1씩 커지는 수에서 같은 수를 빼면 차도 1씩 커집니다.

(3) 1씩 커지는 수에서 1씩 커지는 수를 빼면 차는 같습니다.

**4** (1) (몇) − (몇)에서 앞의 수가 ●만큼 커지면 차도 ●만큼 커집니다.

(2) (몇) − (몇)에서 뒤의 수가 ●만큼 커지면 차는 ●만큼 작아집니다.

(3) (몇) − (몇)에서 앞의 수가 ●만큼 작아지면 차도 ●만큼 작아집니다.

(4) (몇) − (몇)에서 앞의 수와 뒤의 수가 모두 ●만큼 커지면 차는 같습니다.

## 기본기 강화 문제

### ① 10을 이용하여 덧셈하기  92쪽

**1** (위에서부터) 13, 3

**2** (위에서부터) 16, 6 / 16, 6

**3** (위에서부터) 11, 1 / 11, 1

### ② 10을 이용하여 뺄셈하기  92쪽

**1** (위에서부터) 4, 2

**2** (위에서부터) 8, 2 / 8, 3

**3** (위에서부터) 5, 5 / 5, 4

### ③ 덧셈식, 뺄셈식 완성하기  93쪽

**1** 예
| 6 | + | 8 | = | 14 |
| 5 | + | 7 | = | 12 |

**2** 예
| 12 | − | 7 | = | 5 |
| 15 | − | 7 | = | 8 |
| 14 | − | 5 | = | 9 |

**1** $9 + 2 = 11$, $9 + 7 = 16$도 만들 수 있습니다.

**2** $14 - 8 = 6$, $12 - 4 = 8$, $17 - 8 = 9$도 만들 수 있습니다.

### ④ 조건에 맞는 덧셈식 찾기  94쪽

**2** $9 + 8$에 ◯표  **3** $7 + 7$에 ◯표

**4** $7 + 9$에 ◯표  **5** $5 + 8$에 ◯표

**6** $6 + 6$에 ◯표

### ⑤ 조건에 맞는 뺄셈식 찾기  94쪽

**2** $12 - 7$에 ◯표  **3** $16 - 7$에 ◯표

**4** $12 - 6$에 ◯표  **5** $11 - 7$에 ◯표

**6** $12 - 5$에 ◯표

### ⑥ 보물 찾기  95쪽

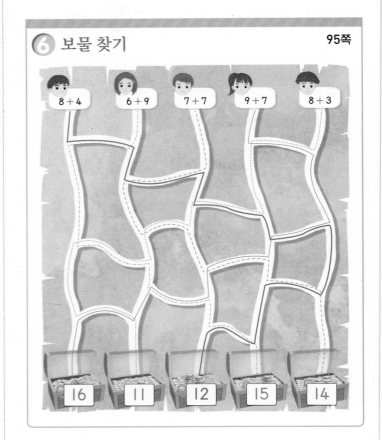

### ⑦ 합(차)가 작은 식부터 순서대로 잇기  96쪽

**1**

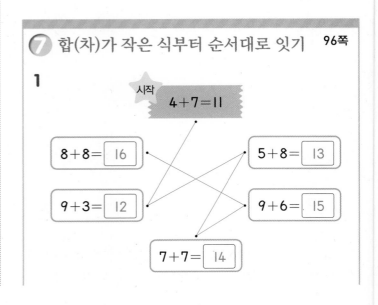

**2**

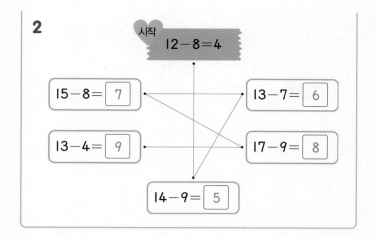

시작
12−8=4

15−8= 7

13−4= 9

14−9= 5

13−7= 6

17−9= 8

---

97쪽

**8** 이어서 계산하기

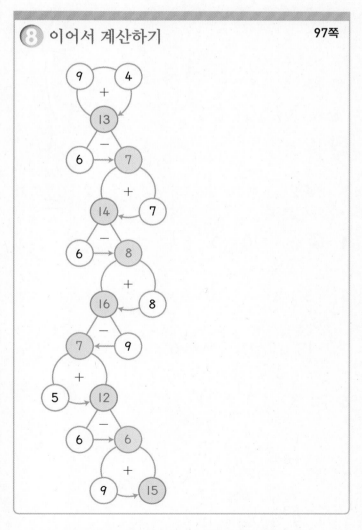

$9 + 4 = 13$ ➡ $13 − 6 = 7$ ➡ $7 + 7 = 14$
➡ $14 − 6 = 8$ ➡ $8 + 8 = 16$ ➡ $16 − 9 = 7$
➡ $7 + 5 = 12$ ➡ $12 − 6 = 6$ ➡ $6 + 9 = 15$

---

**9** 덧셈식과 뺄셈식으로 나타내기　97쪽

**1**

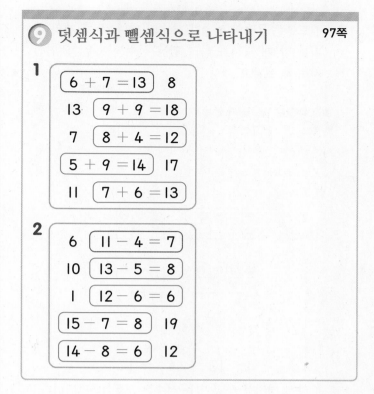

$6 + 7 = 13$　8
13　$9 + 9 = 18$
7　$8 + 4 = 12$
$5 + 9 = 14$　17
11　$7 + 6 = 13$

**2**

6　$11 − 4 = 7$
10　$13 − 5 = 8$
1　$12 − 6 = 6$
$15 − 7 = 8$　19
$14 − 8 = 6$　12

---

**10** 경기를 하고 있는 선수는 몇 명인지 구하기 　98쪽

**1** (위에서부터) 4 / 10, 2, 12 / 12

**2** 18명　　　　　　　**3** 14명

---

**2** 야구는 9명의 선수가 한 팀입니다. 두 팀끼리 경기를 할 때 경기를 하고 있는 선수는 모두 몇 명인지 구해 보세요.

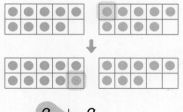
➡ 전체 ●의 수를 구해 봅니다.

$9 + 9 = ?$

$9 + 9$
　　/ \
　　1　8

$10 + 8 = 18$

따라서 경기를 하고 있는 선수는 모두 18명입니다.

**3** 핸드볼은 7명의 선수가 한 팀입니다. 두 팀끼리 경기를 할 때 경기를 하고 있는 선수는 모두 몇 명인지 구해 보세요.

 ➡ 전체 ●의 수를 구해 봅니다.

$7+7=?$

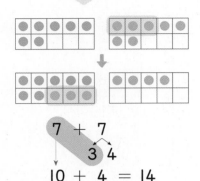

$$7 + 7$$
$$\phantom{7+}3\ 4$$
$$10 + 4 = 14$$

따라서 경기를 하고 있는 선수는 모두 14명입니다.

---

### 🕕 이긴 사람 찾기　　　　　　　99쪽

**1** 소범: (위에서부터) 1 / 10, 4, 6
　　수연: (위에서부터) 2, 5 / 10, 5, 5
　　11 − 5에 ○표 / 소범

**2** 상우

---

**2** 카드에 적힌 두 수의 차가 큰 사람이 이기는 놀이를 하였습니다. 이긴 사람은 누구인지 구해 보세요.

은정 | 13 | 7 |　　상우 | 16 | 9 |

은정 13 − 7　➡ 뺄셈식을 계산해 봅니다.
상우 16 − 9

13−7과 16−9 중 더 큰 수는?

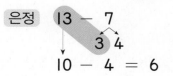

은정 $13 - 7$
$$\phantom{13-}3\ 4$$
$$10 - 4 = 6$$

상우 $16 - 9$
$$\phantom{16-}6\ 3$$
$$10 - 3 = 7$$

➡ 13 − 7과 16 − 9 중 계산 결과가 더 큰 것은 16 − 9입니다.
따라서 이긴 사람은 상우입니다.

---

**단원 평가 ❶**　　　　　100쪽~101쪽

**1** (위에서부터) 13, 2　　　**2** 6 / 7
**3** 12, 13, 14　　　　　　**4** 14, 6, 8
**5** 13, 6　　　　　　　　**6** (1) 9　(2) 8
**7**

| 11 − 6 | 11 − 7 | 11 − 8 | 11 − 9 |
| 12 − 6 | 12 − 7 | 12 − 8 | 12 − 9 |
| 13 − 6 | 13 − 7 | 13 − 8 | 13 − 9 |
| 14 − 6 | 14 − 7 | 14 − 8 | 14 − 9 |
| 15 − 6 | 15 − 7 | 15 − 8 | 15 − 9 |

**8** 14, 5, 9 / 14, 9, 5
**9** 15　　　　　　　　　**10** 6권

---

**1** 8과 2를 더해 10이 되므로 뒤의 수 5를 2와 3으로 가르기합니다.

**4** $14 - 6 = 10 - 2 = 8$
$$\phantom{14-}4\ 2$$

**5** ・$5 + 8 = 3 + 10 = 13$
$$\phantom{・5+}3\ 2$$

　　・$13 - 7 = 10 - 4 = 6$
$$\phantom{・13-}3\ 4$$

**6** (1) $8 + 3 = 11$
　　　　+1　　　　　+1
　　　$\boxed{9} + 3 = 12$

　　(2) $6 + 9 = 15$
　　　　+1　　　　−1
　　　$7 + \boxed{8} = 15$

**7** 1씩 커지는 수에서 1씩 커지는 수를 빼면 차는 같습니다.

**8** 가장 큰 수에서 한 수를 빼면 나머지 한 수가 됩니다.

**9** 예 뒤의 수 8과 더해서 10이 되는 수는 2이므로 앞의 수 7을 5와 2로 가르기합니다.

$$7 + 8$$
$$5 \quad 2$$
$$5 + 10 = 15$$

| 단계 | 문제 해결 과정 |
|---|---|
| ① | 보기와 다른 방법으로 계산하는 방법을 알았나요? |
| ② | 답을 구했나요? |

**10** 예 2반의 여학생 수 13명에서 가지고 있는 공책 수 7권을 빼면 더 필요한 공책 수를 구할 수 있습니다.

➡ $13 - 7 = 6$

따라서 공책은 6권 더 필요합니다.

| 단계 | 문제 해결 과정 |
|---|---|
| ① | 더 필요한 공책 수를 구하는 방법을 알았나요? |
| ② | 더 필요한 공책 수를 구했나요? |

## 단원 평가 ❷   102쪽~103쪽

**1** (위에서부터) (1) 15 / 1   (2) 15 / 5, 4

**2** 예    /

(위에서부터) 6 / 3, 4

**3** 8, 7, 6

**4** (위에서부터) 14 / 14, 15 / 14, 15, 16

**5** 12, 6, 6

**6** (그림: 점 연결 X 표시)

**7** 7 + 6에 ○표

**8** 예 (주사위 그림) / 12 / 5, 12

**9** 6장

**10** 6 + 9 = 15 또는 9 + 6 = 15

**1** (1) 9와 1을 더해 10이 되므로 뒤의 수 6을 1과 5로 가르기합니다.

$$9 + 6 = 10 + 5 = 15$$
$$1 \quad 5$$

---

(2) 6과 4를 더해 10이 되므로 앞의 수 9를 5와 4로 가르기합니다.

$$9 + 6 = 5 + 10 = 15$$
$$5 \quad 4$$

**2** 13개에서 10개가 되도록 3개를 먼저 /으로 지우고 남은 4개를 /으로 더 지웁니다.

**3** 1씩 작아지는 수에서 같은 수를 빼면 차도 1씩 작아집니다.

**4** 세로줄과 가로줄이 만나는 곳에 두 수의 합을 써넣습니다.
$5 + 9 = 14$
$6 + 8 = 14$, $6 + 9 = 15$
$7 + 7 = 14$, $7 + 8 = 15$, $7 + 9 = 16$

**5** (사과의 수) − (배의 수) = $12 - 6 = 6$(개)

**6** $12 - 3 = 9$, $14 - 6 = 8$, $15 - 8 = 7$

**7** $8 + 8 = 16$, $7 + 6 = 13$, $9 + 5 = 14$

**8** $9 + 3 = 12$이므로 7과 더해서 12가 되려면 점을 5개 그려야 합니다.
➡ $7 + 5 = 12$

**9** 예 처음에 있던 색종이 수에서 사용한 색종이 수를 빼면 남은 색종이는 $11 - 5 = 6$(장)입니다.

| 단계 | 문제 해결 과정 |
|---|---|
| ① | 윤아에게 남은 색종이 수를 구하는 식을 세웠나요? |
| ② | 윤아에게 남은 색종이는 몇 장인지 구했나요? |

**10** 예 만들 수 있는 덧셈식은 $4 + 6 = 10$, $4 + 9 = 13$, $6 + 9 = 15$이므로 합이 15인 덧셈식은 $6 + 9 = 15$입니다.

| 단계 | 문제 해결 과정 |
|---|---|
| ① | 만들 수 있는 덧셈식을 모두 구했나요? |
| ② | 합이 15인 덧셈식을 찾았나요? |

# 5 규칙 찾기

## 1 규칙을 찾아볼까요
106쪽~107쪽

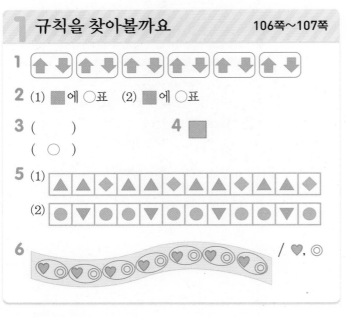

**1** ⬆⬇⬆⬇⬆⬇⬆⬇⬆⬇⬆⬇

**2** (1) ■에 ○표  (2) ■에 ○표

**3** (　　　)
　　(　○　)

**4** ■

**5** (1) ▲▲◆▲▲◆▲▲◆▲▲◆

(2) ●▼●●▼●●▼●●▼●

**6** / ♥, ◎

**1** ⬆, ⬇가 반복됩니다.

**2** (1) ■, ▲, ▲가 반복됩니다.

(2) 보라색, 하늘색, 하늘색이 반복됩니다.

**4** ●, ●, ■, ■가 반복됩니다.

**5** (1) ▲, ▲, ◆가 반복됩니다.

(2) ●, ▼, ●가 반복됩니다.

## 2 규칙을 만들어 볼까요
108쪽~109쪽

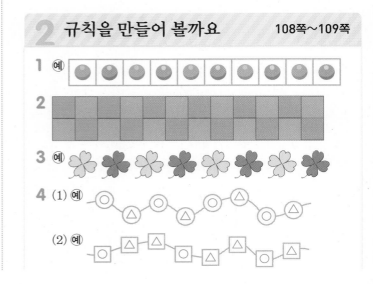

**1** 예

**2**

**3** 예

**4** (1) 예

(2) 예

**5** 예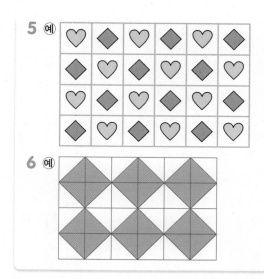

**6** 예

**1** 빨간색 구슬과 파란색 구슬이 반복되게 만든 규칙이면 모두 정답입니다.

**2** 첫째 줄은 초록색, 빨간색이 반복되고, 둘째 줄은 빨간색, 초록색이 반복됩니다.

**3** 규칙이 있고 이에 따라 색칠했으면 정답입니다.

**4** 두 모양으로 반복되는 규칙을 만들었으면 정답입니다.

**6** 여러 가지 무늬로 꾸밀 수 있습니다.

---

**3 수 배열에서 규칙을 찾아볼까요** 110쪽

**1** (1) 4, 8  (2) 15, 17  (3) 35, 30, 20

**2** (1) 2, 5 / 5, 7  (2) 30, 32, 34 / 2

**1** (1) 4, 8이 반복됩니다.
(2) 11부터 시작하여 1씩 커집니다.
(3) 50부터 시작하여 5씩 작아집니다.

---

**4 수 배열표에서 규칙을 찾아볼까요** 111쪽

**1** (위에서부터) 18, 34, 47 / (1) 1  (2) 10

**1** (1) 21, 22, 23, ..., 30으로 1씩 커지는 규칙입니다.
(2) 6, 16, 26, 36, 46으로 10씩 커지는 규칙입니다.

---

**5 규칙을 여러 가지 방법으로 나타내 볼까요** 112쪽~113쪽

**1**

---

**2**

| | | | | | | | | | | |
|---|---|---|---|---|---|---|---|---|---|---|
| 1 | 2 | 1 | 1 | 2 | 1 | 1 | 2 | 1 | 1 | 2 | 1 |

**3**

| | | | | | | | | | | |
|---|---|---|---|---|---|---|---|---|---|---|
| 4 | 4 | 2 | 4 | 4 | 2 | ② | 4 | 2 | 4 | 4 |

**4**

| | | | | | | | | | | |
|---|---|---|---|---|---|---|---|---|---|---|
| 3 | 1 | 4 | 3 | 1 | 4 | 3 | 1 | 4 | 3 | 1 |

**5**

| | | | | | | | | | | |
|---|---|---|---|---|---|---|---|---|---|---|
| 4 | 0 | 0 | 4 | 4 | 0 | 0 | 4 | 4 | 0 | 0 | 4 |

**6**

| | | | | | | |
|---|---|---|---|---|---|---|
| 8 | 4 | 8 | 4 | 8 | 4 | 8 | 4 |

**1** 🚶→○, 🚶→×로 나타냅니다.

**2** ⚽→1, 🏀→2로 나타냅니다.

**3** 🐕→4, 🦆→2로 나타낸 것입니다.
따라서 🐕→2로 나타낸 부분이 잘못 쓴 수입니다.

**4** ⚂, ⚀, ⚃가 반복됩니다.
⚂→3, ⚀→1, ⚃→4로 나타내면 3, 1, 4가 반복됩니다.

**5** ◈→□, ●→○로 나타냅니다.
◈→4, ●→0으로 나타냅니다.

**6** ▦→ㅁ, ▟→ㅗ로 나타냅니다.
▦→8, ▟→4로 나타냅니다.

---

**기본기 강화 문제**

**❶ 설명하는 규칙 찾기** 114쪽

**1** ( )
( ○ )

**2** ( ○ )
( )

**3** ( ○ )
( )

**4** ( )
( ○ )

## ② 규칙 만들어 수를 쓰고, 규칙 말하기  114쪽

**2** 예 2, 5, 2, 5 / 2, 5가 반복됩니다.

**3** 예 9, 6, 3, 9 / 6, 3, 9가 반복됩니다.

**4** 예 7, 10, 13, 16 / 1부터 시작하여 3씩 커집니다.

**5** 예 10, 8, 6, 4 / 14부터 시작하여 2씩 작아집니다.

## ③ 규칙에 따라 색칠하기  115쪽

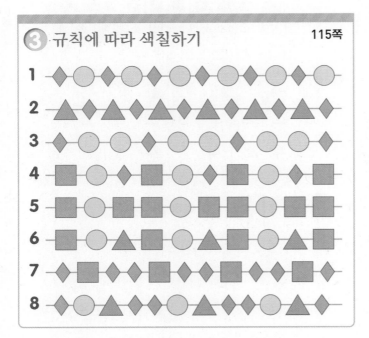

## ④ 규칙에 따라 그리기  116쪽

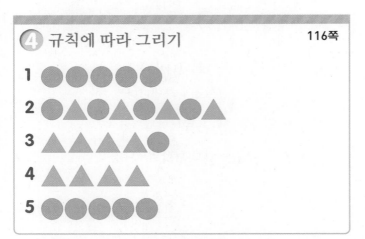

## ⑤ 나만의 규칙 만들기  117쪽

**1** 예

**2** 예

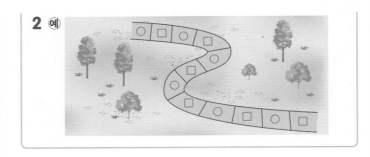

## ⑥ 수 배열표에서 규칙 찾기  118쪽

**1**

| 21 | 22 | 23 | 24 | 25 | 26 | 27 | 28 | 29 | 30 |
| 31 | 32 | 33 | 34 | 35 | 36 | 37 | 38 | 39 | 40 |

**2**

| 61 | 62 | 63 | 64 | 65 | 66 | 67 | 68 | 69 | 70 |
| 71 | 72 | 73 | 74 | 75 | 76 | 77 | 78 | 79 | 80 |

**3**

| 1 | 2 | 3 | 4 | 5 | 6 | 7 | 8 | 9 | 10 |
| 11 | 12 | 13 | 14 | 15 | 16 | 17 | 18 | 19 | 20 |
| 21 | 22 | 23 | 24 | 25 | 26 | 27 | 28 | 29 | 30 |
| 31 | 32 | 33 | 34 | 35 | 36 | 37 | 38 | 39 | 40 |

**4**

| 1 | 2 | 3 | 4 | 5 | 6 | 7 | 8 | 9 | 10 |
| 11 | 12 | 13 | 14 | 15 | 16 | 17 | 18 | 19 | 20 |
| 21 | 22 | 23 | 24 | 25 | 26 | 27 | 28 | 29 | 30 |
| 31 | 32 | 33 | 34 | 35 | 36 | 37 | 38 | 39 | 40 |
| 41 | 42 | 43 | 44 | 45 | 46 | 47 | 48 | 49 | 50 |

## ⑦ 신발장에 적힌 번호 구하기  119쪽

**1** 1 / 36 / 36

**2** 57, 61, 75

**2** 사물함에는 규칙에 따라 번호가 적혀 있습니다. 사물함의 빈칸에 알맞은 수를 써넣으세요.

| 51 | 52 | 53 | 54 | 55 | 56 | 57 | 58 | 59 | 60 |
| 61 | 62 | 63 | 64 | 65 | 66 | 67 | 68 | 69 | 70 |
| 71 | 72 | 73 | 74 | 75 | 76 | 77 | 78 | 79 | 80 |

➡ 사물함에 적혀 있는 수들의 규칙을 알아봅니다.

규칙에 따라 빈칸에 알맞은 수는?

→ 방향으로 1씩 커지고 ↓ 방향으로 10씩 커지는 규

칙입니다.

빈칸에 알맞은 수는 56보다 1만큼 더 큰 수인 57, 51보다 10만큼 더 큰 수인 61, 74보다 1만큼 더 큰 수인 75입니다.

## 단원 평가 ❶

120쪽~121쪽

**1**

**2** ⬤에 ○표

**3**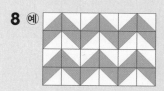

**4** 26, 30  **5** 6, 0, 6

**6** 예 18, 15, 12  **7** 53, 60

**8** 예

**9** 예 ↓ 방향으로 한 칸 갈 때마다 5씩 커집니다.

**10** 예 규칙을 모양으로 나타내면 ㄷ, ㄷ, ㅜ가 반복됩니다.
규칙을 수로 나타내면 7, 7, 4가 반복됩니다. /
ㄷ, ㅜ / 7, 4

**2** ■, ⬤, ⬤가 반복되므로 ■ 다음에 올 모양은 ⬤입니다.

**3** 파란색, 노란색, 노란색이 반복됩니다.

**4** 10부터 시작하여 4씩 커지는 규칙입니다.

**5** ⬤ → 0, ⬛ → 6으로 나타냅니다.

**6** 18부터 3씩 작아지는 규칙을 만들 수 있습니다.
9 − 6 − 3 − 9 − 6 − 3과 같이 반복되는 규칙을 만들 수도 있습니다.

**7** → 방향으로 1씩 커지는 규칙이므로 ★에 알맞은 수는
51 − 52 − 53에서 53입니다.
↓ 방향으로 5씩 커지는 규칙이므로 ♥에 알맞은 수는
45 − 50 − 55 − 60에서 60입니다.

서술형 문제

**9**

| 단계 | 문제 해결 과정 |
|---|---|
| ① | 수 배열표에서 규칙을 찾았나요? |

서술형 문제

**10**

| 단계 | 문제 해결 과정 |
|---|---|
| ① | 규칙을 모양과 수로 각각 나타냈나요? |
| ② | 빈칸을 완성했나요? |

## 단원 평가 ❷

122쪽~123쪽

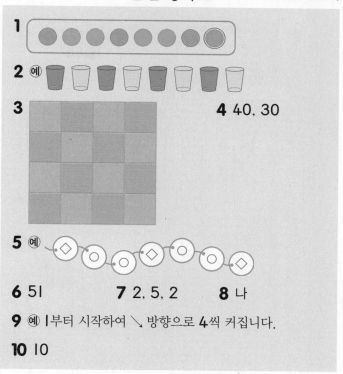

**1**

**2** 예

**3**

**4** 40, 30

**5** 예

**6** 51  **7** 2, 5, 2  **8** 나

**9** 예 1부터 시작하여 ↘ 방향으로 4씩 커집니다.

**10** 10

**1** 보라색, 초록색, 초록색이 반복됩니다.
따라서 보라색 다음에는 초록색이 와야 합니다.

**2** 규칙이 있고 이에 따라 색칠했으면 정답입니다.

**3** 첫째, 셋째 줄은 분홍색, 초록색이 반복되고 둘째, 넷째 줄은 초록색, 분홍색이 반복됩니다.

**4** 55부터 시작하여 5씩 작아집니다.

**6** → 방향으로 1씩 커지므로 ⬤에 알맞은 수는
47 − 48 − 49 − 50 − 51에서 51입니다.

**7** ✌, ✌, 🖐가 반복되므로 ✌를 2로, 🖐를 5로 나타내면
2, 2, 5가 반복됩니다.

**8** 보기 는 두 개의 모양이 각각 2개, 1개 반복됩니다.

서술형 문제

**9** 예 • 4부터 시작하여 → 방향으로 3씩 커집니다.
• 13부터 시작하여 ← 방향으로 3씩 작아집니다.
이외에도 다양한 답이 나올 수 있습니다.

| 단계 | 문제 해결 과정 |
|---|---|
| ① | 수 배열에서 규칙을 찾아 썼나요? |

서술형 문제

**10** 예 9, 1, 1, 9가 반복되는 규칙입니다. 따라서 첫째 빈칸은 9, 둘째 빈칸은 1이므로 빈칸에 알맞은 수들의 합은 9 + 1 = 10입니다.

| 단계 | 문제 해결 과정 |
|---|---|
| ① | 수 배열에서 반복되는 규칙을 찾았나요? |
| ② | 빈칸에 알맞은 수들을 구해 합을 구했나요? |

## 6 덧셈과 뺄셈 (3)

연서와 친구들이 당근, 강낭콩, 옥수수, 상추를 주어진 수만큼 심으려고 해요.
친구들이 더 심어야 하는 채소의 수만큼 스티커를 붙여 보세요.

스티커 붙이기

---

### 1 덧셈을 알아볼까요 (1)　　126쪽~127쪽

**1** 27, 28, 29 /

(예) ⭕⭕⭕⭕⭕ ⭕⭕⭕⭕⭕ ⭕⭕⭕🔺 / 29
　　⭕⭕⭕⭕⭕ ⭕⭕⭕⭕⭕ 🔺🔺🔺🔺

**2** 8, 28　　　　　　　**3** 36

**4** (1) 6, 5　　(2) 5, 7　　(3) 39　　(4) 48

**5** (1) 67　　(2) 79

---

**1** [선택 1] 24에서부터 이어 세면 25, 26, 27, 28, 29
입니다.

　　[선택 2] △를 5개만큼 이어 그리면 모두 29개가 됩니다.

**2** 20에서부터 이어 세면 21, 22, 23, 24, 25, 26,
27, 28입니다.

**5** 낱개끼리 더하여 낱개의 자리에 쓰고 10개씩 묶음의 수
는 그대로 씁니다.

```
(1)    6 5        (2)       8
     +   2              + 7 1
     ─────            ───────
       6 7              7 9
```

---

### 2 덧셈을 알아볼까요 (2)　　128쪽~129쪽

**1** (1) 60　　(2) 79　　　　**2** 20, 50

**3** (1) 5, 9　　(2) 9, 4

**4** (1) 76　　(2) 69　　(3) 69　　(4) 87

**5** ⠐⤬⠂

---

**2** 낱개가 없으므로 10개씩 묶음끼리만 더합니다. 이때 낱
개가 없다고 30 + 20 = 5라고 쓰면 안 되고 낱개의
자리에 반드시 0을 써야 합니다.

**4** 10개씩 묶음은 10개씩 묶음끼리, 낱개는 낱개끼리 더
합니다.

```
(3)    3 7        (4)       1 2
     + 3 2              + 7 5
     ─────            ───────
       6 9              8 7
```

**5** 32 + 14 = 46, 45 + 22 = 67, 15 + 43 = 58
36 + 22 = 58, 25 + 21 = 46, 34 + 33 = 67

## 3 뺄셈을 알아볼까요(1)
130쪽~131쪽

**1** 24 / 예 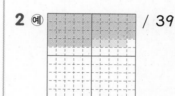 / 24

**2** 5, 21        **3** 52

**4** (1) 8, 1   (2) 4, 2   (3) 75   (4) 93

**5** (1) 32   (2) 23

**2** 녹지 않은 아이스크림의 수를 세어 보면 10개씩 묶음 2개와 낱개 1개입니다.

**5** 낱개에서 빼는 수만큼 덜어 내어 낱개의 자리에 쓰고 10개씩 묶음의 수는 그대로 씁니다.

$$
\begin{array}{r}
(1) \quad 3\ 9 \\
- \quad\ \ 7 \\
\hline
3\ 2
\end{array}
\qquad
\begin{array}{r}
(2) \quad 2\ 8 \\
- \quad\ \ 5 \\
\hline
2\ 3
\end{array}
$$

## 4 뺄셈을 알아볼까요(2)
132쪽~133쪽

**1** (1) 20   (2) 34     **2** 20, 30

**3** (1) 3, 7   (2) 2, 5

**4** (1) 41   (2) 32   (3) 15   (4) 54

**5** (선 연결 그림)

**4** 10개씩 묶음은 10개씩 묶음끼리, 낱개는 낱개끼리 뺍니다.

$$
\begin{array}{r}
(3) \quad 3\ 8 \\
- \ 2\ 3 \\
\hline
1\ 5
\end{array}
\qquad
\begin{array}{r}
(4) \quad 8\ 6 \\
- \ 3\ 2 \\
\hline
5\ 4
\end{array}
$$

**5** $85 - 43 = 42$, $57 - 26 = 31$, $49 - 15 = 34$
$69 - 38 = 31$, $96 - 62 = 34$, $78 - 36 = 42$

## 5 덧셈과 뺄셈을 알아볼까요
134쪽~135쪽

**1** (1) 36, 46, 56, 66   (2) 49, 48, 47, 46

**2** (1) 56, 56   (2) 57, 57

**3** (1) 55, 45, 35   (2) 34, 33, 32

**4** (1) 예 15, 23, 38   (2) 24, 11, 13

---

**1** (1) 같은 수에 10씩 커지는 수를 더하면 합도 10씩 커집니다.
(2) 1씩 작아지는 수에 같은 수를 더하면 합도 1씩 작아집니다.

**2** 덧셈은 두 수를 서로 바꾸어 더해도 합이 같습니다.

**3** (1) 같은 수에서 10씩 커지는 수를 빼면 차는 10씩 작아집니다.
(2) 1씩 작아지는 수에 같은 수를 빼면 차는 1씩 작아집니다.

## 기본기 강화 문제

### ① 덧셈하기
136쪽

**2** 예  / 39

**3** 예 / 46

**4** 예 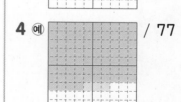 / 77

### ② 여러 가지 덧셈하기
136쪽

**2** 28, 48, 68        **3** 59, 69, 79

**4** 25, 45, 65        **5** 37, 57, 77

## 3 뺄셈하기 137쪽

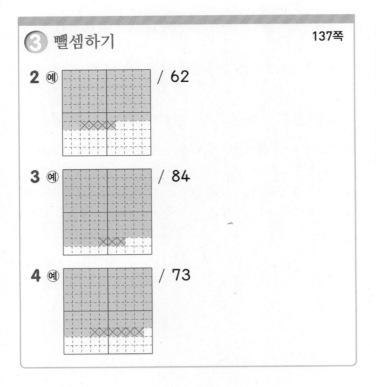

2 (예) / 62

3 (예) / 84

4 (예) / 73

## 4 여러 가지 뺄셈하기 137쪽

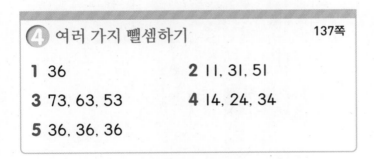

1 36                    2 11, 31, 51

3 73, 63, 53            4 14, 24, 34

5 36, 36, 36

## 5 덧셈과 뺄셈 이야기 완성하기 138쪽

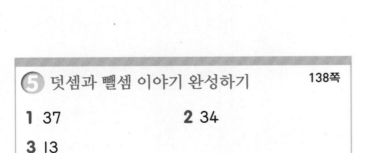

1 37                    2 34

3 13

## 6 □ 안에 알맞은 수 구하기 139쪽

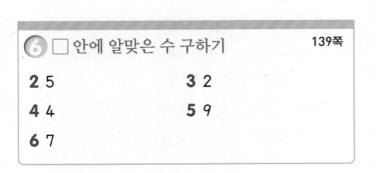

2 5                     3 2

4 4                     5 9

6 7

## 7 합과 차에 맞는 두 수 찾기 139쪽

1

| 9 | ㉑ | ㉞ | 30 |
| ㊿ | ⑤ | ㊷ | 23 |
| 12 | 45 | ⑬ | 22 |
| 41 | 13 | ㉚ | 31 |
| 8 | 32 | ㉕ | 27 |

2

| ⑥ | 5 | 18 | 30 |
| ㊻ | 13 | 22 | 72 |
| ㊂ | ㊵ | 61 | 22 |
| 5 | 35 | ㊾ | 31 |
| 38 | 85 | ⑨ | 10 |

## 8 장난감의 수 구하기 140쪽

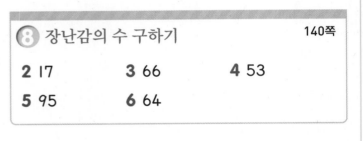

2 17          3 66          4 53

5 95          6 64

## 9 덧셈식 완성하기 141쪽

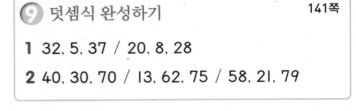

1 32, 5, 37 / 20, 8, 28

2 40, 30, 70 / 13, 62, 75 / 58, 21, 79

## 10 뺄셈식 완성하기 141쪽

1 68, 5, 63 / 77, 2, 75 / 64, 3, 61

2 54, 11, 43 / 87, 43, 44 / 69, 22, 47

## 11 색연필의 수 구하기 142쪽

1 6, 5, 6 / 56          2 78개

**2** 한별이네 집에 사과가 **30**개, 귤이 **48**개 있습니다. 한별이네 집에 있는 <u>사과와 귤은 모두 몇 개인</u>지 구해 보세요.

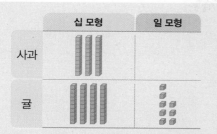

| | 십 모형 | 일 모형 |
|---|---|---|
| 사과 | | |
| 귤 | | |

➡ 사과와 귤은 모두 몇 개인지 덧셈식으로 나타냅니다.

$$30 + 48 = ?$$

$$\begin{array}{r} 3\ 0 \\ +\ 4\ 8 \\ \hline 8 \end{array} \Rightarrow \begin{array}{r} 3\ 0 \\ +\ 4\ 8 \\ \hline 7\ 8 \end{array}$$

따라서 한별이네 집에 있는 사과와 귤은 모두
$30 + 48 = 78$(개)입니다.

---

⑫ 처음에 가지고 있던 과자의 수 구하기   143쪽

**1** 57          **2** 33개

---

**2** 현우가 종이학을 어제 **22**개 접었고, 오늘 몇 개 더 접었더니 종이학이 모두 **55**개가 되었습니다. 현우가 <u>오늘 접은 종이학은 몇 개</u>인지 구해 보세요.

➡ 오늘 접은 종이학의 수를 □라고 하여 덧셈식으로 나타냅니다.

$$22 + □ = 55에서 □는?$$

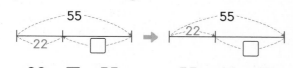

$$22 + □ = 55 \qquad 55 - 22 = □$$

따라서 현우가 오늘 접은 종이학은
$55 - 22 = 33$(개)입니다.

---

**1** 34          **2** 5, 42

**3** ⑴ 57   ⑵ 15          **4** 48, 48, 48, 48

**5** 87개          **6** 21개

**7** 23 + 32에 ○표          **8** 21

**9** ⑩ 31 + 40 = 71

**10** 65 − 35 = 30, 75 − 45 = 30

---

**4** **1**씩 커지는 수에 **1**씩 작아지는 수를 더하면 합은 같습니다.

**5** $54 + 33 = 87$(개)

**6** $54 - 33 = 21$(개)

**7**
$$\begin{array}{r} 6\ 7 \\ -\ 1\ 4 \\ \hline 5\ 3 \end{array} \qquad \begin{array}{r} 2\ 3 \\ +\ 3\ 2 \\ \hline 5\ 5 \end{array}$$

$53 < 55$이므로 계산 결과가 더 큰 것은 $23 + 32$입니다.

**8** 어떤 수를 □라고 하면 $34 - □ = 13$입니다.

$34 - 13 = □$, $□ = 21$
따라서 어떤 수는 21입니다.

<sup>서술형 문제</sup>
**9** ⑩ 빨간색 주머니에서 **31**, 초록색 주머니에서 **40**을 골라 덧셈식을 만들어 보면 $31 + 40 = 71$입니다.

| 단계 | 문제 해결 과정 |
|---|---|
| ① | 주머니에서 수를 하나씩 골랐나요? |
| ② | 고른 수로 덧셈식을 바르게 만들었나요? |

<sup>서술형 문제</sup>
**10** ⑩ **10**개씩 묶음의 수의 차가 **3**인 두 수는
$6 - 3 = 3$, $7 - 4 = 3$입니다.
따라서 뺄셈식은 $65 - 35 = 30$, $75 - 45 = 30$입니다.

| 단계 | 문제 해결 과정 |
|---|---|
| ① | 뺄셈을 하는 방법을 알았나요? |
| ② | 두 수의 차가 30이 되는 뺄셈식을 바르게 만들었나요? |

**1** 28

**2** 6, 30

**3** （엇갈림 선긋기）  |

**4** 58, 58

**5** 44, 43, 42

**6** 77, 31

**7** (1) >    (2) <

**8** 30, 40 또는 40, 30

**9** 26개

**10** 15명

---

**3**

```
    1 0        5 0        4 0
  + 4 0      - 1 0      - 1 0
  -----      -----      -----
    5 0        4 0        3 0
```

**4**  45 + 13 = 58

13 + 45 = 58

덧셈은 두 수를 서로 바꾸어 더해도 합이 같습니다.

**5**  1씩 작아지는 수에서 같은 수를 빼면 차도 1씩 작아집니다.

**6**  합:

```
    2 3        차:    5 4
  + 5 4            - 2 3
  -----            -----
    7 7                3 1
```

차는 큰 수에서 작은 수를 뺍니다.

**7**  (1)

```
    5 2        7 7
  +   4      - 2 4      ➡ 56 > 53
  -----      -----
    5 6        5 3
```

(2)

```
    1 7        8 0
  + 2 1      - 4 0      ➡ 38 < 40
  -----      -----
    3 8        4 0
```

**8**  낱개의 수는 모두 0이므로 10개씩 묶음의 수의 합이
7인 두 수를 찾습니다.

➡ 30 + 40 = 70 또는 40 + 30 = 70

서술형 문제

**9**  (예) 노란색 구슬 수와 초록색 구슬 수로 덧셈식을 만들면
구슬은 모두 21 + 5 = 26(개)입니다.

| 단계 | 문제 해결 과정 |
|------|----------------|
| ① | 덧셈식을 바르게 만들었나요? |
| ② | 구하는 구슬은 모두 몇 개인지 구했나요? |

서술형 문제

**10**  (예) 여학생 28명 중 13명이 도서관으로 갔으므로 뺄셈
식으로 나타냅니다.

따라서 운동장에 남아 있는 여학생은

28 - 13 = 15(명)입니다.

| 단계 | 문제 해결 과정 |
|------|----------------|
| ① | 뺄셈식을 바르게 만들었나요? |
| ② | 운동장에 남아 있는 여학생은 몇 명인지 구했나요? |

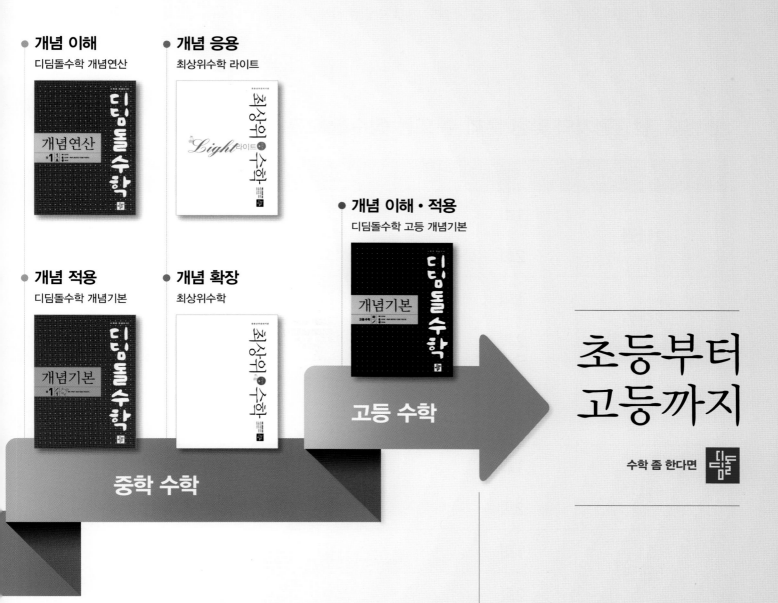

**개념 이해**
디딤돌수학 개념연산

**개념 응용**
최상위수학 라이트

**개념 이해 · 적용**
디딤돌수학 고등 개념기본

**개념 적용**
디딤돌수학 개념기본

**개념 확장**
최상위수학

고등 수학

중학 수학

초등부터
고등까지

수학 좀 한다면

개념을 이해하고, 깨우치고, 꺼내 쓰는
올바른 중고등 개념 학습서

# 다음에는 뭐 풀지?

최상위로 가는
'맞춤 학습 플랜'

**STEP 4** Book

다음에 공부할 책을 고르기 어려우시다면, 현재 성취도를 먼저 체크해 보세요.
**최상위로 가는** 맞춤 학습 플랜만 있다면 내 실력에 꼭 맞는 교재를 선택할 수 있어요!
단계에 따라 내 실력을 진단해 보고, 다음 학습도 야무지게 준비해 봐요!

## 첫 번째, 단원평가의 맞힌 문제 수 또는 점수를 모두 더해 보세요.

| 단원 | | 맞힌 문제 수   OR   점수 (문항당 5점) | | |
|---|---|---|---|---|
| 1단원 | 1회 | | | |
| | 2회 | | | |
| 2단원 | 1회 | | | |
| | 2회 | | | |
| 3단원 | 1회 | | | |
| | 2회 | | | |
| 4단원 | 1회 | | | |
| | 2회 | | | |
| 5단원 | 1회 | | | |
| | 2회 | | | |
| 6단원 | 1회 | | | |
| | 2회 | | | |
| 합계 | | | | |

※ 단원평가는 각 단원의 마지막 코너에 있는 20문항 문제지입니다.